飲食的科學
135個「為什麼？」

關於營養攝取・致力減重・容易感覺疲倦・膽固醇過高，
各種食物選擇與烹調的疑問完整解答Q&A

食物學博士
佐藤秀美　著

大 境 文 化

邁向健康的第一步——
將目光轉向「自己吃的究竟是什麼食物」？

現今的時代亦可稱為飽食的時代，各式各樣琳瑯滿目的食物將商店塞得滿滿的。這是一個能在自己喜歡時間裡、只吃自己喜歡食物的時代，如果持續著這種，對於自己吃進口裡的不管是食物或者是吃法，都毫不留心只隨心情便吃進肚子裡的狀態，其弊害則是，將會引發以肥胖為首等各式生活習慣病症逐一現形。邁向健康的第一步，首先要將目光轉向「自己到底吃下了什麼食物」開始，接著便是要開始關心「自己吃下的食物究竟是什麼」。

食物含有人類為了生存、以及活動時所需的營養成分。正因為如此，人類只要活著就必須持續進食。但是在這世界上並沒有任何一種食物含有人類必須的所有營養。也因此我們透過攝取各種食物的組合，方才得以獲得基本必須的營養成分。此外、依照不同食物的組合與烹調方式，對於食物內所含的營養成分能否被身體確實吸收，以及對於健康所能造成的影響將會非常不同。欲將食物內所含營養確實吸收有益健康，把營養成分視為各別的化學物質，以科學的角度理解，依照物質特性選擇適當的調理方法是一個很重要的重點。

另一方面、站在科學的角度，檢視沿襲至今與飲食有關的總總，例如食物的選擇與食用方法，以及調理方法等，其中有著驚人的智慧。在科學並不發達的昔日裡人們為了維護自己的健康，確實的注意到「自己究竟吃的是什麼」，在反覆錯誤試行中累積經驗之下的結果，演變成為“獲取營養的訣竅”而這訣竅活躍於現今的日本飲食中。

把焦點放在「自己究竟吃的是什麼」便會產生各種針對與營養相關單純的提問，又或者是食物的選擇方法，食物的組合方法等各類問題。本書以問答的方式，從日常飲食中著手，回答了各種平時會令人啞然以對的疑問。當然我想除了本書中所提出的問答外，應該各位也有各種其他的問題。不過我想、就算是無法直接解答各位的所有疑問，但也盡量提供了引導出解答的方向，在這裡以科學根據與數據為立基，試著以我個人的詮釋進行解說。本書從「我們究竟吃了什麼」為契機，若能為各位的健康略盡棉薄之力，身為作者將沒有什麼比此更讓我感到歡喜。

佐藤秀美

1 了解營養的基礎、檢視「食」的意義

2 何種食物含有何種養分呢？

蔬菜、薯類、菇類、海藻

肉、海鮮、雞蛋

豆類

3 有效攝取營養素的飲食搭配訣竅

4 活用營養的料理訣竅

單位與記號

mg（毫克）為1000分之一公克，μg（微克）為100萬分之一公克

Kcal（千卡）為1cal的1000倍。

pH（pH值）為表示酸鹼性的指標單位。中性為7.0。

α為Alpha、β為Beta γ為Gamma的表示記號。

文中以及圖表中所表示之食品重量為可食用性部分的重量

1　了解營養的基礎、檢視「食」的意義

Q1

人為什麼要吃東西？

人體所需的養分無法自體製造。因此必需將動物、植物等當作食物，在體內轉化為所需養分。也就是說人類不進食便無法維持生命，只要是活著的一天就必須持續著每日進食。

即便是安靜的躺著，心臟的跳動、呼吸，不論外在環境的溫度為何，必須維持著身體一定的體溫，為了維持生命在看不見的地方也會消耗著熱量。而在起床後只要一開始活動了，每種活動都會消耗更多的熱量。此外，即使在肉眼幾乎看不出差異的地方，構成身體組織的蛋白質、新陳代謝等所需之成分，所有需要的物質均從食物中取得。

食物中含有各式各樣的成分，但在這世上並沒有一種食物含有人體所需的所有成分。就算是被認為含有完整嬰兒所需營養的母乳，其實亦有不足的營養素(維他命K)為了預防因缺乏所產生的症狀，日本所有的新生兒

在出生後的24小時之內均施以維他命K2糖漿。

食物當中所含的成分與分量，依食物種類不同而有差異。有些是富含能產生高熱量成分、卻缺少製造細胞成分的食物，而相反的也有。正因如此，所以推薦攝取各種食物的組合。以攝取多樣性的食物為基本，補充身體所需的各種必要養分。

Q2

何謂食慾？為什麼會感到饑餓呢？

所謂的食慾，就是想吃食物的欲望。而食慾又可大致分為二種。一種是為了維持生命活動的本能食慾，這種事與生俱來的。剛出生的嬰兒只有在感到饑餓時才會有想喝奶的欲望，這就是為了維持生命的食慾。還有一種是透過後天的學習而產生的食慾，這是透過成長、自後天學習而來。

本能的食慾透過位於丘腦下部（Hypothalamus）的攝食中樞與飽食中樞平衡產生控制。在進食後血液中的葡萄糖含量增加血糖值上昇，充分攝取食物後使得胃壁撐開，刺激了飽食中樞而產生飽足感。此外，在飯後、血液中的葡萄糖轉換成熱量後血糖下降，體內的體脂肪將會分解取代葡萄糖產生能量。在這個時候便會產生脂肪分解物質之一的游離脂肪酸。透過血液中的游離脂肪酸增加，以及空腹時胃部強烈產生的收縮（饑餓收縮），刺激攝食中樞便會產生饑餓的感覺。饑餓時腹部所發出的"咕～"這樣的聲音，則是饑餓收縮時囤積在胃部上方的空氣受壓迫所發出的聲音。

氣溫也對食慾有非常大的影響。如同"食慾之秋"這句話所述，一到秋天食慾大增，是因為氣溫下降後所伴隨而來的血液溫度降低，刺激了攝食中樞所造成的影響。相反的夏天氣溫較高血液溫度上昇所以食慾會降低。

除此以外，近年來發現儲存脂肪的脂肪細胞，會分泌一種抑制食慾的荷爾蒙(瘦蛋白leptin)。透過進食補充營養分後脂肪細胞將會分泌瘦蛋白，瘦蛋白刺激飽食中樞抑制食慾，同時使交感神經受到刺激，增大熱量消耗。所以瘦蛋白被認為對於食慾與體重有調整的作用。但是變胖後所造成的脂肪細胞體積變大，雖然在同時瘦蛋白的分泌亦會增加，但是此時瘦蛋白的功效降低便無法有效抑制食慾，所以會變得更加肥胖。此外、促進食慾的荷爾蒙(饑餓素ghrelin)自胃裡產生，基本上為經常性的分泌，但當瘦蛋白從脂肪細胞中開始分泌後，瘦蛋白的作用較大，所以可以抑制食慾。而當瘦蛋白減少饑餓素會先作用，便會增進食慾。除此之外，亦有其他與食慾相關的荷爾蒙，只要是正常的身體便可巧妙地控制住食慾。

透過後天學習而來的食慾，由飲食經驗與喜好、情緒等各種複雜原因融合而成。例如"暴食"就可謂是受情緒左右而產生的食慾。人類進食之際會分泌讓大腦放鬆的荷爾蒙。人在因為某種理由而產生壓力後，就算是吃飽了也會尋求放鬆的狀態，於是有了想吃的欲求。而像是「甜食是裝在另一個胃裡」這樣的食慾，據說便是透過飲食經驗加上個人喜好之後受荷爾蒙作用影響而來的。

就算是以本能為基礎的食慾也好，或者受後天影響的食慾也罷，全憑食慾吃進了需要以上的食物，產生了無法被消耗的熱量，便會形成體脂肪的囤積，不斷的重複這樣的過程便會招致肥胖。

進食能使腦部放鬆
好吃
好吃

Q3

吃下的食物變成養分是一件什麼樣的事情呢？

我們所吃進肚子裡的食物，也就是指被我們當成食物的各種動物與植物。構成動物與植物身體的成分，與構成人體的蛋白質、脂肪、碳水化合物、氨基酸等相同。此外，植物也含有類似色素這樣人體當中並沒有的成分。這些成分對於生成人體的組織或者提供活動時所需的熱量，提高身體的抵抗力有著預防疾病等功能，對人體來說非常有幫助。

所謂“食物變成營養”是指，食物當中所含類似這樣有用的成分，被人體吸收之後轉化為我們所需的成分，藉以維持生命、成長、日常活動、與有益健康等幫助。而這些有用的成分是指，蛋白質、脂肪、碳水化合物、維他命、礦物質這5大營養素與營養素之外有益健康的成分(機能性成分)，本書中將此類統一稱之為“營養成分”。

為了使營養成分對人體有益，必須讓食物先消化，其營養成分透過小腸的吸收，讓身體攝取。而所謂的消化，就是指將食物在人體中轉變為小腸容易吸收的形態這件事。具體來說，在胃與小腸等消化道當中，透過消化器官與消化液的作用，將食物當中的蛋白質、脂肪、碳水化合物等營養成分基本上分解至一分子大小。而所謂的吸收便是指這些變成一分子大小的營養成分，通過小腸黏膜這件事。而食物中的營養成分在通過了小腸黏膜之後，便成為營養為人體所利用。

食物從放入口中的階段便開始了消化。食物一邊以牙齒進行咬、磨時與唾液混合。唾液中含有能將澱粉(碳水化合物) 分解的消化酵素(澱粉分解酵素）食物中所含澱粉有一部分透過此酵素的作用分解。

胃在空腹時約有1個雞蛋大小（約50ml），裝進食物後成人的胃可以膨脹至1.2～1.4L左右。而在胃部的胃液含有強烈酸性的胃酸（ph1.5左右的鹽酸）與強力的收縮運動（蠕動運動），透過這些食物會變成濃稠的粥狀。胃液中也含有能夠分解蛋白質與脂肪的消化酵素，透過這些酵素的作用將食物中所含一部份蛋白質與脂肪進行分解。

變成粥狀的食物會被送往十二指腸，在這裡與混合鹼性的胰液進行中和，混合膽汁將脂肪乳化後送進小腸。在小腸中有著各式各樣的酵素，將食物當中九成的營養素分解至分子大小之後吸收。食物從吃進口中開始到小腸吸收約耗時2～5個鐘頭左右。

被吸收的成分當中，水溶性的（可以被水溶解的性質）成分從小腸溶入血液裡，直接經過門脈（連接小腸等消化管與肝臟的靜脈）運送至肝臟。脂溶性（在油脂裡溶解的性質）成分則透過淋巴管進入血管（位於鎖骨下方的大靜脈），運往肝臟。透過這樣運送的營養成份一部份用於肝臟、儲存起來，最後剩下的被轉換成其他形式自肝臟排出，或者透過血液運送自全身。小腸無法吸收的營養成分與食物的殘渣最後會抵達大腸，這些為糞便的原料，最初為濃稠的液體狀態，在大腸中歷時12個鐘頭以上，在移動的過程中緩慢地被吸收水分與鈉，最後在與肛門口連結的直腸部變成固體。食物從送進口中變成糞便排出體外，大約為1～3日之後。

Q4

營養是什麼？

食物當中所含成分，有碳水化合物(亦稱為醣類)、蛋白質、脂肪、礦物質(亦稱為無機化合物)、維他命、食物纖維、特殊成分、以及水分。而其中的碳水化合物、蛋白質、脂肪、礦物質、維他命這五種物質稱為營養素。而所謂的營養素在人體內無法自行合成，又或者就算能夠自體合成但數量也不足夠，所以這些都是必須從食物中攝取不可的成分。

五種營養素當中的碳水化合物與脂肪，最主要用於產生心臟跳動、保持體溫、肌肉活動時所不可或缺的熱量。蛋白質、脂肪、礦物質主要用於製造肌肉、內臟、骨骼等組織時所需的材料。此外礦物質與維他命主要用來調整身體的狀態時使用。除了上述以外營養素也用於支持體內進行的各種活動，這五種營養素不論是何種，攝取不足都無法發揮完全的效能。此外，所謂的營養的本義是指這五種營養素在體內被利用於幫助活動與成長，以及發揮效能的過程，營養與營養素此二詞也有被用在同字義的場合。

食物纖維並非營養素。無法透過人體的消化酵素被分解，或者被吸收。但是近年來被視為為了維持與增進健康的必要成分，在厚生勞動省所策定飲食攝取基準中，與其他營養素相同也被設定了一日當中人們必須攝取的分量。

特殊成分指呈現了食物的色、香、味的成分，人類透過感覺機能的判斷左右了食慾。特殊成分在近年來成為熱門研究的領域，其中亦被研究出有抗氧化、抗癌、降低血壓，降低血液中所含膽固醇以及中性脂肪的作用，也有因具有抑制血糖上昇機能而受矚目的成分。例如綠茶當中產生澀味的兒茶素(Catechin)，以及大豆當中所含之大豆異黃酮(Isoflavones)等。這些成分雖未被包含在營養素當中，但是能夠幫助健康的維持與增進卻是事實。

自從得知像這樣與人體健康有關的，不單只有營養素而已，近年來對於食品所具有的功能被分為三大類。第一類是在既有的營養學中範疇內所分類的功效中，食物包含的五種營養素在體內所產生的功效(營養機能)。第二類為呈現美味、難吃、好聞的氣味等這類成分、在食物中使人對於食物的喜好與心理產生影響效果的成分(感覺機能)。第三類食物則指所含雖非營養素，但對於生活習慣病的預防等具有功效的成分(生物調節機能)。將此三種機能以日本傳統食物當中的豆腐為例，與營養機能相關的成分為豆腐中含量豐富的蛋白質與礦物質等，與感覺機能有關的成分是使豆腐帶有微甜滋味的寡醣(Oligosaccharide)與苦味的鎂等，與生物調節機能相關的則是，對於減輕更年期障礙與預防骨質疏鬆症有益的大豆異黃酮(Isoflavones)，有整腸作用的寡醣等。

此外，營養素以外的食物纖維與大豆異黃酮等成分為“非營養素成分“，被稱為“非營養素“，或者“機能性成分“，而在本書當中則將與生物調節機能相關的成分統稱為“機能性成分。

Q5

卡洛里是什麼？
一天所需要的卡洛里又是多少呢？

所謂的卡洛里，是熱量的計量單位（cal）1cal是指1g的水、溫度上升所需要消耗的熱能。人類為了維持生命與活動需要熱量，而這些熱量從我們所攝取的食物裡所含成分中獲得。例如一小碗飯碗所裝有的米飯熱量為162kcal，這也就表示這是欲將1.62kg的水加熱至攝氏100度時所必需的熱量。也等於一個體重60kg的人持續上下樓梯27分鐘所消耗的熱量。

食物的熱量以稱為彈卡計（Bomb calorimeter）的裝置測得。此種裝置是將食物燃燒時所實際產生的熱能傳導至水，從水溫上升的狀態測量熱量。以從食物測得的熱量為基準，加入人類攝取時的消化吸收率作為條件後所計算出來的結果，得知碳水化合物1g為4kcal、脂肪1g為6kcal、

蛋白質1g為4kcal、維他命與礦物質1g為0kcal。市售食品所標示的熱量數值，是以食品所含碳水化合物、脂肪、蛋白質的重量以此基本值計算後的結果。

人體即使在安靜躺下的狀態，為了維持體溫、心臟的跳動等最低限度的代謝，也會消耗熱量。這必要的最低限度熱量被稱為基礎代謝量。基礎代謝量是依照身體的表面積、肌肉量、年齡、季節、營養狀態等因人而異，成年男性約為1200～1500kcal左右，女性則為1000～1200kcal左右。一日中所需熱量，是基礎代謝量與日常活動所需消耗熱量的合算值。例如事務性工作、與人會面、家事、溫和的運動等，日常活動左右程度一般人的場合，成年男性約在2200～2650kcal前後，成年女性則為1700～2000kcal左右為所需熱量。

此外，昔日糧食較為短缺的時代，確保熱量來源為最優先考量，所以「高熱量的食物即為有營養」為昔日的想法。但是現今為飽食時代，過度攝取熱量將會導致以肥胖為首的各種生活習慣病產生，而造成嚴重問題的現在，高熱量食物反而成為我們需要避免的。

攝取過多熱量將招致肥胖，而肥胖會引起生活習慣疾病，所以我們必須避免攝取必要以外的熱量。另一方面亦有許多只把目光放在熱量上面的人，年輕的女性當中也有像是減少餐量或是只吃低卡食品，只以瘦為目的的人。實際上，根據國民健康營養調查(厚生勞動省實施）顯示2字頭女性當中每4人約有1人為"過瘦"。其實不僅是肥胖，根據國內外流行病學的調查結果中明確指出，過瘦也會導致壽命縮短。

體重確實是透過降低來自食物當中所攝取的熱量，以及增加活動量等被消耗掉的熱量，數值會越低，所以的確只吃低卡的食物可以讓體重降低。但如果營養不均衡也會影響外貌。缺少脂肪會使得皮膚粗糙，缺乏蛋白質頭髮容易分叉失去光澤，指甲變得多層易剝落，臉部顯得無精打采。從健康面來看，鈣質攝取不足時，骨骼會將鈣質溶入血液中引起骨質疏鬆，而充滿在血液中的鈣質如果附著沈積在血管壁便會引發動脈硬化與高血壓。而脂肪攝取不足時體內會抑制脂溶性維他命的吸收，會有血管變脆等的弊端產生。而蛋白質與維他命攝取不足時會有提早老化，抵抗力低下容易生病等已知問題。如果要兼顧健康與美容，不能僅是關心攝取的熱量，顧及營養也是很重要的。

Q6

自食物當中攝取營養與從營養品中攝取營養有何不同？

營養品與食物最大的差異為—1營養成份種類的多寡、2營養成分的量、3安全性，以上三點。

現今能自營養品中所取得的營養成分種類依然受限，但食物中卻含有各式各樣的營養素與具有健康效果的成分。多數的營養成分，比起單一種類對健康產生功效，結合複數成分更能在體內有效的發揮效能。只要持續的進食，就算不特別留心都可以同時吃進種類豐富的營養，就結果來說營養效果是提升的。

而營養品則是將有助健康的特定成分濃縮，以一次攝取大量的方法製成。只要是相同成分，不論是營養品或者是食物，基本上被人體吸收後都會被同樣利用。但與食品不同的是，營養品問世時間尚短，在有限的成分當中一次大量吸收，究竟對於人體有利有弊？會對健康帶來何種程度的影響，實際上至今仍有許多尚未辨明的地方。也有攝取少量時對於健康有益，但大量攝取時對健康有害的例子。舉一個最簡單的大豆異黃酮為例，大豆異黃酮自大豆食品當中攝取，對於更年期障礙的症狀減輕與預防乳癌都有已知的明確效果，但是如果自營養品中大量攝取，相反的對於有些人則會有提高乳癌症狀再犯風險的可能性，所以現在大豆異黃酮攝取量的上限已被限制。

研究發展持續進行著，現在顯示為有益健康的成分，在將來也有可能被發現是危害健康，又或者其實效果不如預期也說不一定。此外現今並未被發現的，在未來也有可能會被證實含有大量有益健康的成分。與只含有特定成分的營養品不同，食物當中包含已知與未知等的各種成分。最好的例子就是食物纖維或者花色素苷(Anthocyanin）等多酚類。現今被視為有益健康的營養成分，也被製成營養品等廣泛利用，但是在昔日卻被視為沒有營養價值，又或者說不被人喜愛的成分。所以只要是吃食物，像這樣的成分也會在不知不覺中獲得。

我們所吃的食物，是人類在悠長的歷史中從眾多的動植物裡篩選出來，將這些食物透過適當的處理之後一直吃到今天。食物的安全性有悠久的飲食歷史背書。

綜合這些理由，我們可以知道比起攝取單一營養成分，配合各種營養在一日當中分次攝取，對於維持與增進健康是比較好的。也就是說，將從食物當中攝取營養作為基本，而將營養品當作補充飲食上不足的輔助手段。

Q7

以進食的方式攝取營養與透過點滴攝取營養有何不同？

攝取營養的方式有三，第1種是食品直接從口中進入攝取營養，2是使用插管將營養劑直接送入腸胃的插管灌食(Tube feeding)，3則為使用點滴從大靜脈將營養液注入體內的全靜脈營養輸液作業(Total Parenteral Nutrition，TPN)。實際上這3種方式所取得的營養成分不盡相同，假設成分是相同的，對於身體與心理層面的健康所給予的影響亦有很大的差距。

身體機能如果不運作會漸漸衰退。不經過消化器官所施予的點滴營養法會導致消化器官衰退，而這與造成身體的抵抗力低下息息相關。

腸道是非常重要的免疫器官，近年來明確的發現改善腸道環境有助於免疫力提升。持續不使用腸道，腸內黏膜將會萎縮變薄，腸內環境惡化最後將會導致免疫力下降，容易罹患各種疾病。

插管灌食法經過腸，比起點滴給予營養較能抑制免疫力下降的問題。但是不經口腔，將會使得腦機能與唾液分泌能力下降。我們在進食的同時，以眼睛確認吃的食物，聞到氣味後在口中感受味道這些動作刺激了我們的五感運作(味覺、嗅覺、視覺、聽覺、觸覺)，接收了這些刺激後腦部變得活躍。不經口腔不僅會造成腦機能衰退，口腔周圍的肌肉亦會衰退。肌肉衰退的速度非常快，一週不使用將會造成15～20%的肌力下降，失去吞嚥能力。此外依照咀嚼頻率分泌的唾液，不僅與消化有關，唾液中的礦物質會促進牙齒石灰化達到增強鞏固牙齒，預防蛀牙、抑制口中雜菌增生、而唾液中的免疫抗體也有提升身體免疫力的功效。如果不分泌唾液引起雜菌繁殖很有可能成為肺炎等疾病的成因。

進食這件事，在心理層面以及社會層面也有很大的意義。家人朋友圍坐在餐桌上，有了愉快的交談便會產生凝聚力，提高開懷而笑的機會便會促使免疫力提升。最近人們重新檢視飲食的意義，透過點滴施予營養的方式，朝著在可能的範圍內盡量避免的方向前進。

Q8

請告訴我如何得知食物中所含的營養成分

想知道何種食物含有何種營養成分，可使用「食物營養表」查詢。此表為文部科學省科學技術・學術審議會資源調查分科會製成公告的資料，正式名稱為「日本食品標準成分表」。

食品成分表是以提供與食品相關成分的基礎資料為目的，從團體伙食到個人家庭運用範圍廣泛（在文部科學省官方網站中的資源調查分科會報告中有刊登「日本食品標準成分表」資料）。

食品成分表（5訂增補）中所收載的食物數量觸及1878種食物。將食物分為「穀類」「薯類與澱粉類」等18種食品群，依序以植物性食物、動物性食物、加工類食品進行排序。例如蔬菜類則被分類為水煮、燙煮、燒烤類等，調理食品亦為分類項目。記載資料中的成分，為可食部（可以被食用的部分）100g所含熱量、水分、蛋白質、脂肪、碳水化合物、灰分、礦物質（無機質）、維他命、脂肪酸、膽固醇、食物纖維、食鹽含量、廢棄率等。

食品成分表的分析值來自於全國一般性食用的食物中全年的平均值。由於是平均值，所以以此為基礎計算營養成分時，請將計算結果當作大略的參考值。

實際上，食物成分表所顯示的數值，與實際吃下的食品營養成分有很大的差異。例如當季的蔬菜類等食物，依照產地與收穫期、品種、栽培條件等各種必要因素份量各有不同。從年間菠菜成分變動調查研究得出的數值中顯示，單就維他命C一項在產季的冬季所測定的數據與食品成分表（5訂增補）便有二倍之差，而非產季的夏季含量僅為1/5。此外亦有不同產地結果相差了五成左右這樣的報告。不僅是蔬菜，海產類等也依照收穫期等條件成份量亦有不同。

此外、食品成分表，在伴隨著生產技術與流通等條件變化，食品成分有異的時期，會依據調查分析的數據製成改訂版本。

Q9

碳水化合物在人體內有著什麼樣的作用？

碳水化合物亦稱為醣類，在米、麵包、麵類、薯類、砂糖等多數的食物中均含有醣類。碳水化合物是由1個或者複數的分子組合而成，依照分子數可分為單醣類(分子數為1個)或少醣類(分子數2～10個)或者多醣類(醣的分子為多數)等3類。單醣類是指以水果的甜味主要原料，例如葡萄糖、果糖等，少醣類是指以砂糖、牛乳的甜味為主，例如乳醣等。而所謂的多醣類是指米、麵包、澱粉等含有多數醣的食品。

其實在食物纖維中也有多醣類的存在，食物纖維無法被人體的消化酵素分解，通過腸胃最後透過排泄排出，所以與其他的碳水化合物在體內的功能不同。也因此將食物纖維摒除在碳水化合物項目內，被視為獨立的成分。

碳水化合物在體內最主要的作用為，供給維持生命與活動時所必須的熱量，1g可以產生4kcal的熱量。脂肪與蛋白質也能成為熱量的來源，但是比起這些營養素，碳水化合物可以更快的轉換成熱量。此外、當脂肪與碳水化合物不足時，體內無法迅速產生熱量，也就失去了熱量源的功能，而蛋白質在碳水化合物與脂肪不足時會被轉換成熱量成為熱量源。

我們所攝取的碳水化合物會被消化酵素打散分解，變成1分子的醣(單醣)之後從小腸被吸收。葡萄糖或果糖本身就是1分子的醣，所以不需要透過消化，砂糖為2分子的醣，僅需要將2個醣分開就可以被吸收。而當因熱量不足感到疲累時吃甜食可以恢復元氣，則是因為味覺呈現為甜味的醣類，不太需要經過消化很快的可以被人體吸收補充熱量的原因。而在另一方面，澱粉是由幾百～幾萬個單醣所結合而成，在消化過程中拆散分解為1個醣需要花費時間，所以無法像糖一般迅速的被轉換成熱量。從小腸被吸收的單醣通過肝門靜脈(與小腸等消化管與肝臟相連的靜脈)被送往肝臟。在這之後，有一部分直接變成血液中的血糖(血液中的葡萄糖)運往身體的各個角落，變成身體每一個部分中的熱量來源，或者變成肌肉當中的肝糖(glycogen)(由複數葡萄糖結合而成)將多餘的醣分儲存起來。最後剩下的葡萄糖變成脂肪或者內臟脂肪、皮下脂肪等儲存起來。

Q10

脂肪是什麼？在人體內有著什麼樣的功能？

所謂脂肪是中性脂肪(三酸甘油脂簡稱TG)、磷脂(中性脂肪的一部分與磷結合Phospholipid)、膽固醇(中性脂肪等的分解產物)等的總稱，是存在於肉類、魚類肥肉部位與植物油的主要成分。食物當中所含脂肪大部分為中性脂肪，而膽固醇、磷脂等與中性脂肪相較份量微少，所以通常提到“脂質”就是指中性脂肪，也會被稱為脂肪。

脂肪在體內的作用，中性脂肪與其他脂肪大有不同。中性脂肪主要的作用是被作為維持生命與活動時必須熱量的熱量源，不論是碳水化合物或者蛋白質(不論何者1g都為4kcal)，而中性脂肪則為二倍以上1g可以產生9kcal的熱量。中性脂肪的熱量(卡洛里)較高的理由是，中性脂肪當中氫的含量較碳水化合物與蛋白質要多。此外中性脂肪亦有幫助脂溶性維他命吸收的功效。中性脂肪攝取過量時剩餘的會直接以脂肪組織的型態儲存在體內。也就是所謂的體脂肪。體脂肪在身體熱量不足時會被分解成熱量的脂肪儲存庫，除此之外、也有保護臟器預防身體熱流失的功能。另一方面膽固醇與磷脂則是，構成身體的各個細胞的細胞膜的主要原料。不僅如此、膽固醇還是製造幫助鈣質吸收的維他命D的原料，以及生成幫助脂肪消化吸收的膽汁酸的原料。

脂肪的性質被構成成分中的脂肪酸左右。脂肪酸依分子構造(二重結合的有無)，被分為飽和脂肪酸(二重結合無)與不飽和脂肪酸(二重結合有)二大類。不論是何種都可以透過肉眼判斷脂肪酸含量多寡。與肉類油脂相同，富含飽和脂肪酸的脂肪在常溫下為固體，而如同植物油、魚油一般不飽和脂肪酸含量高的油脂在常溫下為液體。此外由液體的植物油為原料所製成的乳瑪琳之所以是固體，是因為在製造過程中植物油中含量極高的不飽和脂肪酸的一部分變成飽和脂肪酸所致。攝取大量脂肪含量較高的肉類時，會導致血液中的膽固醇值升高的理由之一便是，因為飽含於脂肪中的飽和脂肪酸帶有將血液中膽固醇濃度提升的作用。相反的，飽含不飽和脂肪酸的魚、植物油具有將血液中膽固醇濃度降低的作用。

不飽和脂肪酸也因為分子構造不同(二重結合數量)而分為單元不飽和脂肪酸(二重結合1個Monounsaturated Fat)與多元不飽和脂肪酸(二重結合2個以上Polyunsaturated fat)。

單元不飽和脂肪酸最具代表性的食物為富含油酸(Oleic acid)的橄欖油，而多元不飽和脂肪酸則為富含亞麻油酸(Linoleic acid，LA)的植物油、與沙丁魚、鯖魚、鯡魚、秋刀魚等富含二十二碳六烯酸(Docosahexaenoic Acid，縮寫DHA)與二十碳五烯酸

（Eicosapentaenoic acid, 縮寫EPA）的青背魚。飽和脂肪酸與單元不飽和脂肪酸在人體內也可以輕易合成。但是多元不飽和脂肪酸在人體內無法合成僅能從食物中攝取，所以也稱為〝必需脂肪酸〞（Essential fatty acid；縮寫EFA）。多元不飽和脂肪酸在體內為生理活性物質（荷爾蒙般功能的物質。類花生酸（Eicosanoid，又稱為類二十烷酸）的原料。近年、DHA或者EPA因健康效果廣受矚目的原因則是，已知具有改變體內生理活性物質有助健康與其多元功效。

Q11

蛋白質為何必需？

蛋白質為身體的主要構成成分。以肌肉、內臟、骨骼、皮膚、毛髮等構成組織為首，亦與血液、酵素、代謝等調節機能有緊密關連的胰島素等荷爾蒙，以及提高身體免疫力的抗體等有關，身體的各個部分都是由蛋白質製造而成。

蛋白質主要的作用有

① 為製造身體組織、血液、酵素、荷爾蒙、免疫物質（抗體）等的原料。

② 與調節血液酸鹼性息息相關，讓血液常保持在弱鹼性（ph7.35～7.45）

③ 在碳水化合物與脂肪不足以提供熱量的時候，轉換成熱量的供應源，1g的蛋白質可轉化成4kcal的熱量。

蛋白質為大量氨基酸結合而成。構成人體的蛋白質種類高達10萬種以上，但是其實這些蛋白質僅由20種的氨基酸所組合而成，其中的9種我們無法在身體裡面製造，又或者說自體無法提供足夠的份量必須從食物當中攝取，所以被稱為〝必須氨基酸〞，其他11種自體可以合成不一定要透過食物攝取，所以被稱為〝非必須氨基酸〞（或者可欠氨基酸）。〝非必須〞雖然在字面上讓人感覺是人體所不需要的，但是其實是不可欠缺的，所以推論正因為不可欠缺所以在進化的過程當中，仍在人體中保留可以自行合成的能力。

富含蛋白質的食物有，肉類、魚類、蛋類、牛奶等動物性食物以及大豆。攝取後透過消化酵素分解成氨基酸被小腸吸收。而從小腸經過門脈（連接小腸等消化管與肝臟的靜脈）運往肝臟的氨基酸，一部分可以變成別種氨基酸再由血液運往全身各個組織當中。而我們的皮膚、肌肉、內臟等各組織，更是由以氨基酸為原料合成所需的蛋白質。而在同時老化的組織中的蛋白質也以氨基酸進行分解，將可再利用的回收使用。或者與從食物當中攝取的新鮮氨基酸結合，變成該組織所需的蛋白質。此外過量攝取的蛋白質則會轉化成脂肪，變成體脂肪儲存在體內。

Q12

何為維他命的種類與功效？

維他命是指微量的有機物質。據說命名是依照被發現的順序排列，依序為維他命A、維他命B、維他命C、維他命D與維他命E，但是實際上B比A更早被發現，而也有像是維他命K般以機能的開頭字母（Koagulation，德語中凝固的意思）等各種方式命名的。

維他命無法成為熱量源或者是製造身體的原料，但是卻是保持身體正常運作不可欠缺的成分。維他命最主要的功能是，確保對於發生在體內的各種化學反應順暢進行，就像是潤滑劑般的存在。缺乏維他命會使得碳水化合物、脂肪、蛋白質、礦物質無法妥善被利用，無法順利轉化成熱量或是製作身體的原料。

人體必須的維他命共計有13種，而其中有由腸內細菌所合成的（維他命K、B_2、泛酸Pantothenic acid、葉酸、維他命B_{12}、生物素Biotin），或者由氨基酸（色胺酸Tryptophan合成而來的菸鹼酸Niacin、nicotinic acid），亦有透過曬太陽之後由體內而成的維他命D，但是份量都不足夠，必須從食物攝取。而實際上我們從食物中所攝取的維他命C的量，是以mg（千分之一克）或者 μg（100萬分之一克）的單位，表示份量非常微少。

維他命分為可溶於水的水溶性維他命與溶於油脂當中的脂溶性維他命二種。水溶性維他命包括維他命B群（維他命B_1、B_2、B_6、菸鹼酸、泛酸、葉酸、生物素、維他命B_{12}）與維他命C共9種，而脂溶性維他命為維他命A、D、E、K共4種。水溶性維他命自攝取後如果經過2～3鐘頭沒有被利用的話，會隨著尿液被排出體外。

● 維他命的種類與作用

	種類（ ）內為化學名稱	作用
脂溶性維他命	維他命A （視黃醇Retinol） 維他命A前趨物質 （β 胡蘿蔔素等）	– 對於促進細胞再生以及有助於維持黏膜、皮膚的健康 – 促進視網膜中調節明暗感覺色素生成，維持眼睛在暗處的視力 – 稱為 β 胡蘿蔔素或者維他命A前趨物質，回應體內需求轉化為維他命A
	維他命D （維他命D2麥角鈣化醇Ergocalciferol）	– 促進鈣質吸收，強化骨骼與牙齒，預防骨質疏鬆症
	維他命E（生育酚tocopherol）	– 進行抗氧化作用防止血管、細胞、皮膚等老化（氧化），抑制老化進行，預防動脈硬化與心臟病
	維他命K（維他命K1 phylloquinon）、（維他命K2 Menaquinone）	– 促進出血時的血液凝固 – 具有促使鈣質沈澱強化骨骼的功能，被列為骨質疏鬆症的治療藥品
水溶性維他命	維他命B_1（硫胺）	– 使米飯、砂糖等從碳水化合物轉化為熱量的必須物 – 攝取不足時將會導致疲勞、體力衰退的原因 – 有維持皮膚、黏膜健康的作用
	維他命B_2 （核黃素RiBoflavin）	– 與碳水化合物、脂肪、蛋白質代謝息息相關，為皮膚、毛髮、指甲的健康促進成長不可或缺的營養素 – 缺乏維他命B_2時將會產生口腔發炎、皮膚炎等症狀
	維他命B_6 （吡哆醇Pyridoxine）	– 是將攝取後的蛋白質轉化為體內組織時的必須物 – 有維持皮膚、黏膜健康的作用 – 缺乏維他命B6時將會引起濕疹、口角發炎、皮膚炎、貧血、免疫力低下的症狀
	維他命B_{12} （氰鈷胺素cobalamin）	– 協助葉酸製造紅血球、幫助神經保持正常運作
	葉酸	– 形成紅血球的必需物質 – 與DNA合成相關，缺乏將會導致胎兒先天異常
	泛酸	– 促進熱量產生時與抗壓所必須之副腎皮質荷爾蒙合成 – 有助於皮膚與黏膜的健康 • 維持
	維他命B_3（菸鹼酸）	– 幫助產生熱量 – 改善血液循環，有維持皮膚、黏膜健康的作用 – 與幫助分解形成宿醉與酒精主因的乙醛相關
	生物素	– 幫助碳水化合物、脂肪、蛋白質代謝 – 有助維持皮膚健康預防白髮生成與脫髮
	維他命C （抗壞血酸ascorbic acid）	– 幫助抗氧化作用、預防動脈硬化、或者癌症、老人性白內障等 – 合成膠原蛋白的必須物質 – 幫助血管、皮膚、骨骼健康的維持，以及增強免疫力

● 富含維他命A的食物

	食物	一日所需參考份量	(g)	維他命A量(ug) 一次份量	100g含量
肝臟	雞肝	燒烤串1串	40	5600	14000
	豬肝	燒烤用3小片	40	5200	13000
	牛肝	燒烤用3小片	40	440	1100
海產類	蒲燒鰻魚	1串	80	1200	1500
	銀鱈	魚身切片1片	80	880	1100
	螢火魷(Watasenia scintillans)	4隻	30	450	1500
蔬菜	埃及國王菜(Jew's Mallow)	氽燙1小碟	70	588	840
	胡蘿蔔	3cm	60	408	680
	茼蒿	3中株	70	266	380
	西洋南瓜	2小片	80	264	330
	菠菜	氽燙1小碟	70	245	350
	韭菜	2/3小把	70	203	290
水果	西瓜	1/12(片)	550	380	69
	哈密瓜(紅肉)	中1/8(片)	100	300	300

● 富含維他命B_1的食物

	食物	一日所需參考份量	(g)	維他命B_1量(ug) 一次份量	100g含量
肉類	豬小里肌	—	80	0.98	1.22
	豬腿肉(瘦肉)	—	80	0.78	0.98
	無骨火腿(Boneless Ham)	2片	50	0.45	0.90
	小熱狗	3小根	45	0.12	0.26
	烤豬肉片	1片	50	0.43	0.85
	雞肝	烤肉串1大串	40	0.15	0.38
海產類	蒲燒鰻魚	1串	80	0.60	0.75
	青鮒魚	魚身1片	100	0.23	0.23
	紅鮭魚	魚身1片	80	0.21	0.26
	鱈魚卵	½付	40	0.28	0.71
	帶子鰈魚	魚身1片	100	0.19	0.19
其他類	金針菇	½把	90	0.22	0.24
	花生	25顆	20	0.17	0.85

反觀脂溶性維他命具有攝取後會儲存在肝臟等處不容易被排出的特徵。水溶性維他命即使攝取過量也不會有過剩症狀產生，但是脂溶性維他命卻會有攝取過剩症狀產生就是這個原故。此外，在蔬菜中含量豐富的 β 胡蘿蔔

素，是不會直接變成維他命的，進入人體之後因應需求轉化為維他命A發揮效能，所以被稱為維他命A前趨物質(Provitamin A)。

● 富含維他命B_2的食物

	食物	一日所需參考份量	(g)	維他命B_2量(ug) 一次份量	100g含量
肝臟	豬肝	燒烤用3小片	40	1.44	3.60
	牛肝	燒烤用3小片	40	1.20	3.00
	雞肝	燒烤串1串	40	0.72	1.08
海產類	蒲燒鰻魚	1串	80	0.59	0.74
	青鮒魚	魚身1片	100	0.36	0.36
	黃條紋擬鰈	魚身1片	100	0.35	0.35
	水煮鯖魚罐頭	½罐	70	0.28	0.40
	魠魠魚	魚身1片	80	0.28	0.35
牛奶	低脂牛奶	1杯	200	0.36	0.18
	普通牛奶	1杯	200	0.30	0.15
其他	埃及國王菜 (Jew's Mallow)	汆燙1小碟	70	0.29	0.42
	納豆(糸引き納豆) 註解1	1盒	50	0.28	0.56
	舞菇	½包	50	0.25	0.49

註解1 納豆(糸引き納豆)註解1一般市售常見的日式納豆。

● 富含維他命B_6的食物

	食物	一日所需參考份量	(g)	維他命B_6量(ug) 一次份量	100g含量
海產類	鰹魚(春秋補獲)	烤過的5片	80	0.61	0.76
	黑鮪魚	生魚片5片	80	0.68	0.85
	白鮭	魚身1片	80	0.51	0.64
	秋刀魚	1尾	90	0.46	0.51
	白腹鯖	魚身1片	80	0.41	0.51
	斑點莎瑙魚	1尾	65	0.29	0.44
肉類	雞絞肉	—	80	0.54	0.68
	雞柳	1條	80	0.48	0.60
	雞胸肉(去皮)	—	80	0.43	0.54
	牛腿肉(進口紅肉)	—	80	0.39	0.49
	牛肝	燒烤用3小片	40	0.36	0.89
	豬小里肌	—	80	0.38	0.48
水果	香蕉	中1根	100	0.38	0.38

● 富含維他命C的食物

	食物	一日所需參考份量	(g)	維他命C量(ug) 一次份量	100g含量
蔬菜	紅色彩椒	2個	60	102	170
	油菜花(日本種)	汆燙1小碟	70	91	130
	綠花椰菜	2小朵	60	72	120
	小捲心菜	5個	50	80	160
	青椒	2個	60	46	76
	埃及國王菜	汆燙1小碟	70	46	65
	山苦瓜	¼根	50	38	76
水果	柿子	中½個	80	56	70
	奇異果	中1個	80	55	69
	草莓	中5個	73	45	62
	金桔	5個	88	43	49
	瓦倫西亞橙(Valencia Orange)	中1個	100	40	40
	葡萄柚	½個	100	36	36

● 富含葉酸的食物

	食物	一日所需參考份量	(g)	葉酸量(ug) 一次份量	100g含量
肝臟	雞肝	燒烤串1串	40	520	1300
	牛肝	燒烤用3小片	40	400	1000
	豬肝	燒烤用3小片	40	324	810
蔬菜	埃及國王菜	汆燙1小碟	70	175	250
	菠菜	汆燙1小碟	70	147	210
	油菜花(日本種)	汆燙1小碟	70	238	340
	茼蒿	中3株	70	133	190
	玉米	1根	120	114	95
	小捲心菜	5個	50	120	240
	水菜(京菜)	汆燙1小碟	70	98	140
	秋葵	8根	80	88	110
其他	玉露茶(日本綠茶品種)	茶杯1杯	120	180	150
	帆立貝貝柱	3個	90	73	81

※ 富含維他命E與維他命K的食物請見P267

在近年免疫學調查結果報告中顯示，維他命A、維他命C、維他命E、β胡蘿蔔素(維他命A前趨物質)攝取不足的人，較易罹患某些種類的癌症。此外現今已知維他命C在胃中則有抑制致癌物質(亞硝Nitrosamine)生成的功效。從這些結論可知，致癌原因的活性氧(Reactive oxygen species,ROS)可以被一部分的維他命影響轉換成抗氧化物質。至今、維他命E、維他命C、維他命B6、β胡蘿蔔素(維他命A前趨物質)已被確認對於抗氧化有確實的功能。

此外、雖然不是維他命類，但是與維他命有相近的效果(類維他命作用)，近年來受注目的有硫辛酸(lipoic acid)，輔酶Q10、肉鹼(carnitine)。

Q13

何謂礦物質

礦物質(亦稱無機質)，是食品燃燒之後的灰燼當中所含成分，所以亦稱灰分。存在於我們日常中的礦物質，例如鐵鍋的材質是鐵、日幣10元硬幣的材質是銅，蛋殼的主要成分是鈣，與此相同的礦物質也存在於我們的體內，鐵是紅血球的構成成分，銅是氧氣搬運以及去除活性氧等相關酵素中不可或缺的成分，鈣則是骨骼的構成成分。

● 礦物質的種類與作用

	種類	作用
主要礦物質	鈣質(Ca)	– 骨頭構成的成分 – 心跳與肌肉收縮、荷爾蒙分泌、神經功能等與生命維持的必須物質 – 缺乏鈣質將會導致骨質疏鬆、引起高血壓
	鎂(Mg)	– 骨頭構成的成分 – 在體内活動超過300種以上酵素的成分，與神經興奮的抑制、熱量產生、血壓維持等相關，攝取不足時也可能會成為高血壓、動脈硬化、糖尿病等原因
	磷(P)	– 牙齒與骨骼的成分(磷酸鈣Calcium phosphate)、羥基磷灰石(Hydroxyapatite)細胞膜的成分(磷酸質)、熱量(ATP、三磷酸腺苷)產生有關
	鉀(K)	– 與鈉一起作用保持細胞内外的滲透壓平衡，維持神經與肌肉正常運作 – 多餘鹽份排出體外、幫助預防高血壓
	鈉(Na)	– 與鉀一起作用保持細胞内外的滲透壓平衡，維持神經與肌肉正常運作 – 攝取過量也有可能成為高血壓的原因。
	氯(Cl)	– (鹽酸)的成分，促使蛋白質的消化酵素活性化，同時對我們所攝取的食物進行消毒作用
	硫磺(S)	– 皮膚、頭髮、指甲的成分(硫磺化合物的半胱胺酸cysteine)，保護皮膚、頭髮、指甲的健康
微量元素	鐵(Fe)	– 構成體内運送氧的紅血球當中的血紅蛋白，與在肌肉當中儲存氧的肌紅蛋白的成分
	鋅(Zn)	– 與蛋白質合成有關的酵素與體内200種以上酵素的成分之一 – 促進新陳代謝、保持味覺正常運作，維持皮膚與黏膜的健康
	銅(Cu)	– 形成紅血球的必要成分 – 多數酵素的成分之一，對於轉換活性氧為無害物質與骨骼形成有幫助
	錳(Mn)	– 抗氧化酵素等各種酵素成分 – 與酵素活性化、骨骼形成、成長、生殖等相關
	碘(I)	– 有促使熱量產生與蛋白質合成作用的甲狀腺荷爾蒙的成分。 – 缺乏碘將會有貧血、與因熱量低下而導致的容易疲勞以及成長、精神的發展遲緩
	硒(Se)	– 抗氧化酵素的成分，保護身體不受活性氧的傷害
	鉻(Cr)	– 與醣代謝相關，缺乏時會導致高膽固醇血症(Hypercholesterolemia)發病
	鉬(Mo)	– 與將體内不要的物質轉換成尿酸(廢棄物質)的過程，以及銅的排泄有關 – 自食物當中攝取左右的程度，不會造成過剩或缺乏症狀

自然界當中約有103種礦物質的存在，透過科學證明其中的16種為人體所必須。而在這16種礦物質當中，一日所需份量超過100mg以上的有7種（鈉Na、鉀K、氯Cl、鈣質Ca、鎂Mg、磷P、硫磺S）被稱為主要礦物質，100mg以下的有9種(鉻Cr、鉬Mo、錳Mn、鐵Fe、銅Cu、鋅Zn、硒Se、碘I、鈷Co等）則稱為微量元素。

礦物質有 ①為骨骼牙齒(Ca、P、Mg)、紅血球中的血紅蛋白(Fe)、甲狀腺荷爾蒙(I) 的生成原料。②保持血液等液體的pH值與滲透壓正常，與神經、肌肉機能息息相關(Na、 Cl、 K、 Mg、 Ca)，③與酵素結合維持身體機能正常(Ma、Zn 、Cu) 等功效。此外當我們吃進了被稱為酸性或鹼性食物之後，身體當中的淋巴液也不會改變酸鹼值，也是礦物質的功勞。血液正常的酸鹼維持在pH7.35～7.45的範圍，只要有些許的偏差便會容易生病。

● 富含鐵質的食物

	食物	1次的份量	(g)	鐵量(mg) 一次份	100g含量
大豆製品	豆腐丸子	直徑8cm1片	100	3.6	3.6
	油豆腐	½塊	110	2.9	2.6
	調味豆漿	1杯	200	2.4	1.2
	納豆	1盒	50	1.7	3.3
	黃豆粉	2大匙	14	1.3	9.2
海產類	鰹魚(春秋捕獲)	烤過的5片	80	1.5	1.9
	牡蠣	4大顆	80	1.5	1.9
肉類	豬肝	烤肉用3小片	40	5.2	13.0
	雞肝	烤肉串1串	40	3.6	9.0
	牛絞肉	—	80	1.8	2.3
蔬菜	小松菜	汆燙1小碟	70	2.0	2.8
	水菜(京菜)	汆燙1小碟	70	1.5	2.1
海藻	乾鹿尾菜	煮鹿尾菜1人份	10	5.5	55.0

● 富含鎂的食物

	食物	1次的份量	(g)	鎂量(mg) 一次份	100g含量
大豆製品	豆腐丸子	直徑8cm1片	100	98	98
	水煮大豆	½杯	65	72	110
	絹豆腐	½塊	150	66	44
	納豆	1盒	50	50	100
海藻	乾鹿尾菜	煮鹿尾菜1人份	10	62	620
海產類	牡蠣	4大顆	80	59	74
	紅金眼鯛	魚身1片	80	58	73
	章魚	腳1小根	80	44	55
	北魷	½隻	80	43	54
種子類	杏仁果	17粒	20	62	310
	腰果	13粒	20	48	240
其他	菠菜	汆燙1小碟	70	48	69
	糙米飯	1小碗	110	54	49

● 富含鋅的食物

	食物	1次的份量	(g)	鋅量(mg) 一次份	100g含量
肉類	豬肝	烤肉用3小片	40	2.8	6.9
	羊肩肉	—	80	4.0	5.0
	牛肩肉(瘦肉)	—	80	4.4	5.5
	牛絞肉	—	80	3.4	4.3
	牛腿肉(瘦肉)	—	80	3.5	4.4
	豬絞肉	—	80	2.0	2.5
	豬小里肌	—	80	1.8	2.3
	雞腿肉(去皮)	—	80	1.6	2.0
海產類	蒲燒鰻魚	1串	80	2.2	2.7
	水煮鯖魚罐頭	½罐	70	1.2	1.7
	柳葉魚	2尾	45	0.8	1.8
	西太公魚	5小尾	40	0.8	2.0
	牡蠣	4大顆	80	10.6	13.2

※富含鈣質的食物請見P127

礦物質，在體內無法自行合成，所以必須從食物當中攝取，而在體內也無法被分解或者消失，所以需要的份量非常微少。但是為了確保在體內有效的發揮功用，還是有最恰當的攝取份量範圍。攝取不足將導致體內機能無法正維持，攝取過量亦可能有損健康。例如鋅在體內以蛋白質合成相關酵素為首，約為 200 種以上酵素所必須之礦物質，攝取不足時已知的是，將會招致成長障礙與免疫機能低下，味覺障礙等異常發生。但在另一方面，攝取過量時，會影響鐵等發揮作用，最後造成免疫力低下、毛髮脫落。此外鋅有活化增進癌細胞生長酵素的效果，在致癌過程有提高活性化的作用，根據報告指出，一日攝取量超過 100mg 有可能會導致前列腺癌。

每種礦物質的吸收以及在體內的作用機能，與其他的礦物質息息相關，一部分的礦物質攝取過量，讓體內礦物質失去平衡，對於其他的礦物質在體內的作用會產生負面的影響。像這樣的連鎖關連已被確認的有鐵與鋅、銅之間，鈣、磷與鎂之間。

Q14

食物纖維是纖維嗎？

食物纖維是指食物當中無法被人體消化液分解的部分，存在於薯類、蔬菜、海藻、水果等多數植物性食品當中。而在蔬菜中以牛蒡的纖維含量最高，而讓人將其成分名稱與〝纖維〞聯想在一起，但其實也有如同海藻般黏滑的成分與看起來糊糊不太像是纖維的種類。由於攝取之後無法被消化，也不能在小腸中被吸收讓身體利用，所以食物纖維並非營養素，從它在體內的功能，被分類為機能性的成分。

基本上我們所攝取的食物纖維直接經過消化管變成糞便被排泄掉，所以在昔日被認定為是食物的殘渣又或者是妨礙營養素吸收的無用成分，熱量(卡洛里)被認定為零。但是在最近幾年，發現食物纖維可透過大腸內的腸內細菌被分解，而分解後所產生的物質(乙酸acetic acid、丁酸Butyric acid、丙酸propanoic acid)可被大腸吸收變成熱量，或者是對於促進膽固醇排泄，以及透過抑制醣份吸收效果進而改善動脈硬化與糖尿病等生活習慣病的預防與改善具有功效。也因此在飲食攝取基準(厚生勞動省策定)當中，將食物纖維與營養素相同的制訂了攝取份量。此外食物纖維的熱量被認定為1g當中含有1～2kcal。

食物纖維可分為不可溶於水的非溶性食物纖維，與具有可溶於水特性的水溶性食物纖維2種，植物性食物基本上兩方均有。水溶性食物纖維溶於水後會變得黏糊，而非溶性食物纖維則有吸收水分膨脹的特性，這樣的性質與健康效果息息相關。

食物纖維在體內最主要的功效為 ①增加餐點的份量，促進咀嚼的次數增加(預防肥胖等) ②增長食物停留在胃裡的時間(預防肥胖與糖尿病等) ③抑制膽固醇、中性脂肪、糖等的吸收與促進排泄(動脈硬化與高膽固醇血症Hypercholesterolemia、糖尿病等預防)，④增加排便的份量(預防便秘、大腸癌等) ⑤維持腸內環境(增加免疫、便秘等預防)等。而水溶性與非溶性的食物纖維有不同的效果。

非溶性食物纖維的特徵，特別對於 ①增加餐點的份量，促進咀嚼的次數增加，④增加排便的份量方面有顯著的效果。飽含非溶性食物纖維的食物多數口感較硬，藉由咀嚼次數增加唾液的分泌，與唾液和胃液結合後增加份量產生飽足感。此外份量增加相對的排便的量也增加，此與促進排便有關。效果③中的，非溶性食物纖維具有會吸附膽汁酸(主要成分為膽固醇)之後排泄的功能，此功能有抑制膽汁酸被身體再吸收的效果，在其作用發揮之下可讓身體内的膽固醇降低，以及血液中的膽固醇濃度下降的效果，但在抑制血糖上升的功效方面比較弱。

另一方面，水溶性食物纖維特別對於效果③中抑制膽固醇、中性脂肪、醣份等吸收與促進排泄有明顯的效果，效果⑤中的維持腸内環境，則是促使腸内細菌增加繁殖，此點與非溶性食物纖維有非常大的差異。水溶性食物纖維具有強力黏性，將胃部裡的東西緩緩移至小腸，讓小腸可以和緩的吸收葡萄糖，這樣對於飯後急速上升的血糖有緩解抑制的作用。此外，因為具有強力黏性的特質，對於用餐中膽固醇的吸收與膽汁酸的再吸收有妨礙的功效，而這些東西在排出體外時，便可發揮降低血液中膽固醇濃度的效果。此外、水溶性食物纖維會成為腸内細菌的養分，可以幫助腸内細菌繁殖增生，藉此改善腸内環境，而水溶性纖維具有整腸、抑制飯後血糖、降低血液中的膽固醇與中性脂肪的功效，已被認定為特定保健食品(トクホ)註解2成分。

此外、寒天、蒟蒻等食物性纖維可被熱水溶解，所以常被誤認為是水溶性食物纖維，在製品加工過程中變成非溶性，所以在身體中被當作非溶性食物纖維利用。

註解 2 (トクホ)日本官方單位核准的標章，凡貼有此標章的食品具有保健療效的證明。

Q15

有沒有無法變成營養卻有益健康的成分呢？

食品可以分為，營養面的功效（一次機能或者營養機能），喜好面的機能（二次機能或者感覺機能），以及生活習慣病等預防面機能（三次機能或生理調節機能）三種。而與其中三次性機能（生理調節機能）即為無法成為營養但對人體有益的成分。這些成分對於半健康狀態的人有益處，一般來說被稱為機能性成分。所謂的半健康狀態是指健康狀態雖然開始變差，但卻還不到需要從醫院領取處方簽開立藥品，從日常的飲食當中或許可以得到改善的狀態。食物的成分當中有些是具有複數機能的。例如辣椒的辣味來源的辣椒素（capsaicin），在辣味這部分便具有喜好面機能，而對於促進體脂肪降低這一點便是對健康有益處的機能性成分。

一種食物中含有多種機能性成分，而這些成分在體內會產生什麼機能性功能（Mechanism）對健康產生何種益處，在現在並不能說是十分的明朗。而在這樣的情況下，透過特定保健用食品（略稱トクホ）的制度化，方能出現在消費市場。

所謂的特定保健用食品是指，該食品含有對於身體生理機能等有所影響的特定成分，而這些成分是已被確認具有確定的機能性功能（Mechanism），例如適合〝高血壓的人〞這樣具有特定保健效果的標示，被厚生勞動大臣們所認可（承認）。而被認可的內容會以〝具有改善腸胃的狀態〞〝適用於膽固醇過高的人〞〝對於血糖方面需要照料的人可以參考使用〞〝幫助礦物質吸收〞等，基本上都是在預防方面有可期效果的內容。除了被認定為具有機能性效果的特定保健用食品成分以外，其他可能有益於生活習慣病預防的成分也陸續被發現。

Q16

膽固醇是什麼？對身體有害嗎？

不僅是人體，膽固醇對於所有的動物來說，是維持生命不可缺少的一種脂肪。構成身體所需約60兆個細胞膜、荷爾蒙(男性荷爾蒙、女性荷爾蒙、皮脂類固醇Corticosteroids等）膽汁酸(有促使脂肪與溶脂性維他命吸收效果）、維他命D(促使鈣質吸收）等，這些都是以膽固醇為原料生成的。肉類、海產類、雞蛋、牛奶等動物性食物當中，之所以會含有膽固醇也就是這個原因。

而這些膽固醇不足時，將會使血管變脆，腦中風(腦溢血）等症狀產生是在醫學上已得到證實的。實際上、日本人的平均壽命可以成為世界第一的其中一個原因就是，戰後膽固醇的攝取量有明顯增加，因此讓血管保持彈性，也因此讓因為腦中風死亡的發生率遽減。此外、當膽固醇攝取不足時，可以與癌細胞對抗的免疫細胞(淋巴球等）的機能會減弱使得癌細胞更容易繁殖，而維他命D無法充分被合成時，會引起骨質疏鬆也是確定的。像這樣已知膽固醇為人體組織構成成分的一種，在機能面與健康面以各種型態與我們息息相關，近年來、也有報告指出，膽固醇與細胞間的情報傳達有關，而可以理解的是膽固醇在人體內的功能，遠比我們想像的還要重要。

另一方面，也有因為擔心動脈硬化症(血管變硬而變得破碎的病）與高膽固醇血症(Hypercholesterolemia）(血液中的脂肪量異常的病症，舊稱高脂血症）等生活習慣病而十分注意膽固醇攝取的人，但如果是健康的，就算攝取膽固醇含量高的食物，也不見得會直接就讓血液中的膽固醇濃度上升。在體內循環的膽固醇當中，從食物攝取的約佔二成，由肝臟新製合成的約佔三成，在肝臟以膽固醇為原料製成膽汁酸再利用的約佔五成。所以從飲食當中攝取較高量的膽固醇時，僅會被吸收一定程度的份量，在肝臟內也會抑制膽固醇的合成量，身體有對血液中膽固醇濃度維持平穩這樣的機制。而這個機制無法良好運作的人，才會造成血液中的膽固醇濃度過高，過剩的膽固醇沉澱在血管壁當中造成動脈硬化。而在這種情況下，才必須開始限制從食物當中所攝取的膽固醇份量。

膽固醇有被稱為高密度脂蛋白的HDL膽固醇(好的)，以及低密度脂蛋白的LDL膽固醇(壞的) 2種。LDL膽固醇在血液中過剩，便會進入血管壁產生氧化引起動脈硬化，動脈持續硬化便會導致腦中風或心臟病等。但是其實膽固醇不論是HDL或者LDL本身成分均同，並沒分好壞，只是在體內的作用不同，就結果論使得LDL與HDL有了差異。

膽固醇是脂肪的一種，所以在水溶性的血液當中，不會以原本的狀態溶入遍及全身。也因此必須透過存在於血液中，具有運輸卡車般功能稱為脂蛋白(Lipoprotein) 來運送。如果想成載滿了LDL膽固醇的卡車，與完全沒有載著HDL的卡車應該會比較容易理解。LDL負責在全身四處巡走，將各組織所需的膽固醇送至各處。而另一方面HDL這台空空的卡車，負責透過血液在身體四處巡走，將各組織當中多餘的膽固醇回收回到肝臟。血液中的HDL量不足時，就無法執行回收過剩的膽固醇的工作，會造成血液、組織當中的囤積，這便是動脈硬化的導火線。這也就是HDL被稱為好的膽固醇與LDL被稱為壞的膽固醇的原因。不過我們不能忽略，要多虧有LDL將膽固醇運送至全身的組織中，在這樣的運作下我們得以維持生命。不論是少了HDL或者LDL我們都無法維持健康。

Q17

人體中真的有細菌棲息嗎？

我們的腸子裡面住著細菌（腸內細菌）。腸內細菌並不是人體的一部分而是別種生物，人是宿主，我們將所吃的一部分食物提供給腸內細菌當作養分，而相對的腸內細菌將各種物質提供給人，人與腸內細菌是互助共生的關係。

腸內細菌的種類超過100種以上而數量有100兆個以上，以重量計約為1～1.5kg。腸內細菌有對人體健康有益處的善玉菌（乳酸菌類或比菲德氏菌等），與有害健康的惡玉菌（產氣莢膜梭菌Clostridium perfringens等），以及觀測善玉菌與惡玉菌的狀態，加入有優勢那一方的伺機性病菌（Opportunistic Pathogen）（大腸菌等）3種。善玉菌與惡玉菌的戰爭日日在腸內上演著，當善玉菌佔優勢時，由善玉菌製成的有機酸（乳酸、乙酸、丙酸等）便會讓腸內傾向酸性讓惡玉菌數量下降，產生惡玉菌數量越來越多的好循環，而另一方面當惡玉菌佔優勢的時候便會讓善玉菌所消滅掉的惡玉菌越來越多，變成惡性循環。

惡玉菌會產生阿摩尼亞等各種腐敗產物與致癌物質。而善玉菌會產生維他命B群與維他命K等活化免疫細胞，而細菌本身亦有預防癌症與降低血液中膽固醇濃度，以及抗過敏等作用。此外當善玉菌增生腸內呈酸性傾向時，對於幫助食物中的礦物質攝取亦有效果。

惡玉菌的養分是抵達大腸的肉類等食物殘渣，而善玉菌則是來自洋蔥或者香蕉、大豆食品中，所富含的寡醣或蔬菜水果、海藻等含量豐富的食物纖維，特別是水溶性纖維。寡醣與水溶性食物纖維的整腸與促進礦物質吸收的作用，已被利用於特定健保食品(トクホ)中。

此外，富含乳酸菌的優格與醃漬食品，如果在存活的狀態抵達大腸，會在大腸內停留一段時間行使善玉菌的功效。但是實際上乳酸菌通常是以被胃酸殺死後的狀態抵達大腸，不過雖然死了還是可以變成善玉菌的養分促進增生，而乳酸菌本身所具有的健康效果與善玉菌相同。

Q18

我們常聽人家說抗氧化作用，身體是會氧化的嗎？

人呼吸氧氣，而在身體中產生熱量時都需要氧氣。而吸進身體的氧氣約有1～3%左右無法被身體利用，會轉變為氧化力強的活性氧，活性氧可以保護身體免於被細菌或病毒侵害維持人體健康，但在另一方面也會對身體組織產生氧化的害處。構成身體組織的蛋白質與脂肪或者成為遺傳情報的DNA等，只要是有了氧化的現象，便會像鐵釘生鏽一般引起連鎖反應，持續性的進行氧化。而其結果便會引起提早老化，細胞癌化、動脈硬化與糖尿病等生活習慣病發生。體內產生活性氧的原因除了呼吸以外，還有紫外線、壓力、吸煙、大量飲酒、激烈運動等。

所謂的抗氧化作用，便是將活性氧變成無害的作用，呈現此作用的物質被稱為抗氧化物質的有β胡蘿蔔素(維他命A前趨物質) 維他命C、維他命E、多酚等。抗氧化物質比起攝取單一種類，複數類型一起攝取更能在抗氧化的網絡當中相互作用提高效果。活性氧主要可分為4種，而抗氧化物質依照可對抗的活性氧種類與場所的程度而定。例如維他命C雖然可以將4種活性氧無害化，但是由於是水溶性的，所以能夠發揮功效的場所僅有血液中，像是血漿這樣有水分的地方，而在以脂肪所構成的細胞膜中便無法發揮其抗氧效果。而對細胞膜能產生抗氧化效果的為脂溶性的β胡蘿蔔素或維他命E，而維他命E顯示為在細胞膜外側，β胡蘿蔔素在細胞膜內側發揮功效。像這樣在體內將各處所產

生的活性氧消去，保護身體整理不被活性氧所侵害，所以必須攝取各種類的抗

氧化物質才是最重要的。

2　何種食物含有何種養分呢？

Q19

為什麼會建議我們要多吃蔬菜呢？

蔬菜會被建議要大量攝取的理由是

① 蔬菜是維他命與礦物質的供給來源

② 是對增進健康有益的多酚等微量成分（植物生化素Phytochemical）與食物纖維的供給源。

③ 具有低卡並且可以得到飽足感的特性，可預防卡洛里過度攝取。

④ 富含植物纖維可以增加咀嚼次數

食物攝取基準（厚生勞動省策定）是以維持、增進日本人的健康為目的，訂出一日所需的維他命與礦物質、食物纖維的攝取量。為了達到這個攝取量，一日必須攝取蔬菜350g以上。當然，除了蔬菜以外也有富含礦物質、食物纖維的食品，但是如果要在較低熱量的情況下滿足攝取量，當然蔬菜是最適合的。

此外，蔬菜也含有抗氧化物質的花色素苷（Anthocyanin）、黃酮類化合物（Flavonoid，又稱類黃酮）、綠原酸（Chlorogenic acid）等多酚類。近年來蔬菜内所含的各種微量成分陸續被發現，這些成分在多數的流行病學調查與臨床研究中發現，對於高膽固醇血症、糖尿病、高血壓等生活習慣病症與癌症的預防，以及抗過敏作用上確有效果。1997年世界癌症研究基金會（World Cancer Research Fund）與美國癌症研究所（American Institute for Cancer Research）以超過4500份以上的文獻為基礎，發表蔬菜能夠預防的癌症部位，2003年世界衛生組織（WHO）與聯合國糧食及農業組織（FAO）也做出蔬菜水果，對於口腔癌、食道癌、胃癌、大腸癌應該有一定預防效果的結論。

近年來，熱量過度攝取所導致的肥胖為引發生活習慣病的第一步。而其中一個原因便是過量攝取來自肉類的脂肪。蔬菜的油脂含量非常低，熱量也低，所以可以透過豐富的食物纖維產生飽足感。多吃蔬菜的話，相對的就會減低肉類攝取的份量，卡洛里的攝取量便會降低，有助於預防肥胖。

Q20

蔬菜的顏色裡也含有營養嗎？

黃色、橙黃色、紅色—類胡蘿蔔素（Carotenoid）系的色素。

胡蘿蔔與南瓜的黃色、橙黃色的色素，是隸屬類胡蘿蔔素系胡蘿蔔素類的A胡蘿蔔素、β胡蘿蔔素、γ胡蘿蔔素。呈現蕃茄紅色的蕃茄紅素（Lycopene）也是類胡蘿蔔素的一員。已知這些類胡蘿蔔素的色素具有強力的抗氧化作用（請參考Q18），具有抑制活性氧活動的效果，對於癌症預防、動脈硬化預防、老化進行抑制等有可期的效果。

胡蘿蔔素類與β隱黃素（β-cryptoxanthin），是會依照體內需要而轉化為維他命A的前趨物質。維他命A透過促進細胞再生作用，維持・保有皮膚與黏膜的健康，並且為光亮與明暗調節作用成分的原料，有助於維持在暗處的視力。

綠色—葉綠素（Chlorophyll）

呈現菠菜、綠花椰菜等的綠色色素為葉綠素，具有抗氧化作用。已知綠色越濃胡蘿蔔素含量越多，綠花椰菜與春菊（日本種茼蒿）也含有黃酮類化合物（Flavonoid）系色素。

紫色～深藍色—花色素　（Anthocyanin）

茄子與紫色高麗菜的紫色、深藍色的色素，是與被稱為對眼睛很好的藍莓當中，所含屬於黃酮類化合物中的花色素苷類。花色素苷類是多酚類的一種，有抗氧化效果。近年來與花色素苷類相關的保健效果從各種角度進行研究，抗氧化作用有助於癌症等生活習慣病之預防有可期效果。此外，有報告指出，促進光線明暗調節物質(視網膜色素Rhodopsin)的再合成功能，在攝取後3～4個鐘頭暗處視力的回復這點，與促進血液循環改善有關。

白色～淡黃色

白菜、芹菜、白花椰菜、洋蔥等白色帶著淺黃色蔬菜所含的色素為黃酮類化合物(Flavonoid)系色素。

黃酮類化合物系色素為多酚的一種，有抗氧化效果，所以透過抑制活性氧害處功能，進而對於防止癌症與動脈硬化有益。實際上在多數流行病學調查中顯示，也證實對於心臟病與腦中風等循環器官疾病有預防效果。此外雖然還在動物實驗階段，但也對抗過敏與抗炎、膽固醇代謝改善、記憶學習提升等方面有益的報告相繼提出。

此外黃酮類化合物系色素，也大量存在於綠花椰菜或春菊(日本種茼蒿)般深綠色的蔬菜中。

● 蔬菜中所含色素之性質與健康效果

水果的顏色	色素的種類			代表性蔬菜
黃色～橙黃色	類胡蘿蔔素（Carotenoid）系	胡蘿蔔素類	α 胡蘿蔔素	胡蘿蔔、南瓜、豌豆莢、
			β 胡蘿蔔素	胡蘿蔔、菠菜、青椒、
			γ 胡蘿蔔素	胡蘿蔔
紅色			蕃茄紅素	蕃茄、金時胡蘿蔔
橙色		葉黃素類（Xanthophylls）	玉米黃素（Zeaxanthin）	玉米、菠菜
			葉黃素（Lutein）	綠花椰菜、菠菜、櫛瓜、
			辣椒素（Capsaicin）	紅色彩椒、金時胡蘿蔔、
			β 隱黃素（β-cryptoxanthin）	玉米、紅色彩椒
綠色	異戊二烯系（Isoprenoid）	葉綠素（Chlorophyll）		菠菜、綠花椰菜、青椒等
紫色～深藍色	異戊二烯系（Isoprenoid）	花色素苷類（Anthocyanin）	翠雀花素（Delphinidin）	茄子皮、紫色芋頭、紫色
			矢車菊素（Cyanidin）	紫蘇、黑豆的皮
白色～淡黃色		黃酮類化合物（Flavono）	槲皮素（Quercetin）	洋蔥（特別是黃褐色的外皮）、青椒、綠花椰菜、
			山柰酚（Kaempferol）	白花椰菜、高麗菜、韭菜、
			蘆丁（Rutin）	蕃茄、蘆筍
		黃酮醇類（Flavonol）	兒茶素（Catechin）	茶、蠶豆
		黃酮類	芹菜素	紫蘇、芹菜、白菜、巴西利
			木犀草素（Luteolin）	春菊（日本種茼蒿）、芹菜、

	性質	可期健康效果
四季豆、空心菜	脂溶性 α、β、γ 類胡蘿蔔素與 β 隱黃素(β-cryptoxanthin)為維他命原A(provitamin A) 不容易受熱破壞與酸鹼影響。	抗氧化、防癌、預防動脈硬化、抗過敏(α 類胡蘿蔔素),老年黃斑變性症預防(葉黃素Lutein、玉米黃素Zeaxanthin),骨質疏鬆症預防(β 隱黃素 β-cryptoxanthin)保有 維持皮膚及黏膜健康,暗處視力維持(維他命原A(provitamin):α、β、γ 類胡蘿蔔素與 β 隱黃素(β-cryptoxanthin)
綠花椰菜		
抱子甘藍		
彩椒、辣椒		

綠黃色蔬菜	脂溶性 酸性為黃褐色、鹼性為鮮豔的綠色與鐵、銅結合保持綠色	有抗氧化、有脫臭、消臭作用,抗過敏作用
高麗菜	水溶性 酸性為紅色、鹼性為紫色~藍色,以高溫固定色素	抗氧化、防癌、預防動脈硬化、暗處視力維持,改善血液循環
韭蔥(Scallion)、蜂斗菜、美生菜、蠶豆	水溶性 微酸性無色、鹼性呈黃色,亦有帶苦、澀味道的	抗氧化、癌症預防、動脈硬化預防、維持暗處視力、改善血液流動
蔥、綠花椰菜		
巴西利、青椒、紫蘇。		

Q21

顏色越深的蔬菜越有營養嗎？

顏色深也是呈現此顏色之色素濃度高的證明。色素成分帶有各種可期健康效果，所以才會說顏色越深的食物也就表示它的營養價值越高吧。

綠色蔬菜沐浴在大量的陽光下，為了避免葉片等處自身受到活性氧的侵害，所以會大量分泌維他命C、β胡蘿蔔素、多酚等抗氧化物質。在實際營養價值調查的實驗當中證實，顏色越綠的蔬菜，葉綠素、維他命C與β胡蘿蔔素等含量的確較高。也就表示，選擇蔬菜時，就算是相同種類的蔬菜，選擇顏色較深的不僅是葉綠素，也可以獲得含量較高的維他命C、β胡蘿蔔素、多酚等抗氧化物質。

收成自同一塊田地的蔬菜，日曬較充足的地方比起日曬較差的地方，所培養的蔬菜綠色要更深，維他命含量也較高。

此外，例如白菜β胡蘿蔔素的含量較低，所以被分類為淡色蔬菜，外層葉片頂端只要跟*綠黃色蔬菜相同呈現濃綠色，此部分便與綠黃色蔬菜相同，富含抗氧化維他命等成分。

*綠黃色蔬菜　100g中β胡蘿蔔素含量達600ug以上的蔬菜

Q22

相同種類的蔬菜，如果顏色與品種不同營養量也不同嗎？

綠色青椒與紅色彩椒

綠色青椒與紅色彩椒的顏色不一樣，是因為成熟度不同而產生顏色的差異。綠色的青椒是尚未成熟的果實，持續成長會由綠色轉為黃色，黃色再轉為紅色。紅色彩椒的紅色，是葉綠素分解後轉化成類胡蘿蔔素（Carotenoid）系色素中的辣椒素（Capsaicin），具有強力的抗氧化作用。成熟度不同礦物質含量也不同，維他命含有量也有明顯的差異，紅色彩椒的β胡蘿蔔素與維他命C含量較高。

白蘆筍與綠蘆筍

與白綠蘆筍相同透過日曬程度產生顏色差異的蔬菜有很多。就算是相同品種，接受日曬產生葉綠素，便為綠蘆筍，在土中不受陽光照射便為白蘆筍，所以綠蘆筍的β胡蘿蔔素與維他命E等含量比白蘆筍高。而礦物質含量差異並不明顯。

西洋種南瓜與日本種南瓜

南瓜依照品種不同顏色也不同，營養素含量也不一樣。西洋種南瓜（深綠色皮，果肉為深橘色）與日本南瓜（表皮顏色接近黑色，果肉為淡橘色）相比較，西洋種南瓜的β胡蘿蔔素為日本種的5.5倍，而維他命E與維他命C含量為2.7倍。此外，日本種南瓜的水分高10%所以醣分、澱粉等碳水化合物較少，也因此熱量（卡洛里）只有西洋種南瓜的½多一點。

淡綠色高麗菜與紫色高麗菜

紫色的高麗菜通常比淡綠色高麗菜富含鉀、維他命B_1、維他命B_6與維他命C、食物纖維含量也較高。相反的胡蘿蔔素、維他命K、葉酸則淡綠色較高。

普通的胡蘿蔔與金時胡蘿蔔

紅色較深的金時胡蘿蔔要比普通的胡蘿蔔β胡蘿蔔素較低，但是葉酸、食物纖維、鉀、的含量較高。此外金時胡蘿蔔的紅色主要是來自於蕃茄紅素(Lycopene)。

蕃茄與小蕃茄

比起一般的蕃茄，小蕃茄的鉀、β胡蘿蔔素、維他命B群、維他命C、食物纖維豐富，營養價值較高。

Q23

產季的蔬菜營養價值較高嗎？

每種蔬菜都有適合各自發育與生長的時期，產季是指收穫量最大的季節。如同「產季蔬菜不僅好吃，營養價值也高」這句古諺一般，產季與非產季的蔬菜，即便外觀相同，營養素含量也有明顯的差異，已經透過研究確定。此外據說蔬菜營養價值最高的時期，以產季為中心前後三個月。

菠菜的產季是冬天，根據報告指出(下圖) β 胡蘿蔔素含量在冬天約為夏季的二倍左右，維他命C含量為10倍，糖度約為二倍所以甜味高。此外，菠菜澀味來源的草酸(Oxalic acid) 冬季與夏季並無太大差異。

● 菠菜的糖度與維他命整年變化

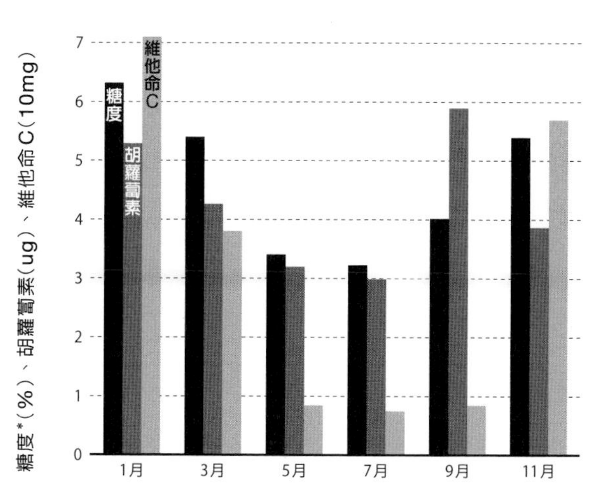

＊菠菜所含蔗糖濃度(Bix値)
以辻村卓等、維他命、於79、453-457(2005) 為基礎製表

其他的蔬菜，例如韭菜、春菊、白花椰菜、高麗菜、蘆筍、蕃茄、小黃瓜等，均與菠菜相同在產季時有維他命含量較高的傾向。

根莖類蔬菜也有與白蘿蔔相同在產季的冬天維他命C較高，也有與胡蘿蔔相同比起產季的秋天至冬天，在夏季時 β 胡蘿蔔素含量較高的食物。

此外，有報告顯示青椒的產季在夏天，在非產季的冬天至春天，維他命C與 β 胡蘿蔔素含量低，與產季相較有明顯的差異。

蔬菜中所含的維他命，會根據日照時間與土壤溫度產生極大的影響，產地、品種與肥料也有關係。在蔬菜營養素含量調查研究中，也發現菠菜依照產地與品種，維他命C含量的差距可以高達4成。此外礦物質含量則受肥料與土壤成分的影響很大。

Q24

有機蔬菜是什麼蔬菜？營養豐富嗎？

有機蔬菜是指，在播種前或有些是植苗前二年以上的期間，其種植水田或土地，禁止使用化學肥料與農藥，並且栽培時以不使用農藥與化學肥料為原則的蔬菜。可以貼上有機蔬菜標誌的蔬菜，僅有通過JAS法（農林物資規格化與品質表示標準等相關法規）制訂之基準農家所生產的蔬菜，才能

貼上有機JAS認證標誌。（農林水產省網頁中關於「有機食品檢查認證制度」的審查、認證有詳細說明）。此外，無農藥野菜是指栽培期間中不使用農藥栽培的蔬菜。減農藥蔬菜是指，使用農藥的份量與同地區平均施藥量相較為一半以下的量。

關於有機蔬菜的研究，主要是從病蟲害、繁殖、收穫量等觀點進行。根據研究報告指出，栽種時與有機肥料併用可優化土壤排水性，使用優質有機肥可增加品種抗害蟲抵抗力，農藥的使用量做最小量限制等。

另一方面，的確從營養價值與風味等品質面著手的研究比較少，所以研究結果也各式各樣。例如，使用有機肥料與化學肥料栽培的蔬菜成分比較的研究中發現，菠菜並無明顯差異，而蕃茄使用有機肥料會比化學肥料糖分要高，此外，某種花椰菜沒有差異，而另一品種花椰菜使用有機肥料會讓 β 胡蘿蔔素含量增加等，類似這樣的結論。

綜觀上述結論，在目前有機蔬菜與非有機蔬菜的優劣並無明顯結論，並沒有所謂可作為標準的有機蔬菜，因為每種研究有各自的基準，使用的有機蔬菜本身條件並不相同。就算統稱為有機蔬菜，其中也包含了肥料使用不同、或者在不給予水分的惡劣環境下生長、不同的栽培方式等各式各樣的條件差異。而蔬菜中所含成分，會依生長環境、栽培條件、生產者技術而大有不同，所以有機蔬菜與非有機蔬菜所含成分無法單純的進行比較。

Q25

昔日的蔬菜會比現代的蔬菜營養價值高嗎？

為了要比較今昔蔬菜的營養素含量，我們將五訂增補食品成分表（2005年）與其三訂補版（1978）與四訂版（1982）年所表示的成分進行比較。

菠菜的維他命C含量1978年每100g中含量為100mg，但在1982年則為65mg到了2005年則為35g約為各1/3的遽減。相同的青椒與高麗菜的維他命C含量也減少。而將1978年與1982年的維他命B_1含量進行比較，菠菜方面並無太大差異，但青椒與高麗菜卻減少了½以上，除去一部分的蔬菜，近30年間以維他命類為首，多數的營養素都有降低的現象。單就食品成分表中所顯示的成分值相較，確實昔日的蔬菜比現代的要來得營養。但是如果單看這一點很容易對事實產生誤判。實際上食品成分表所分析的對象也就是蔬菜的狀態，今昔大有不同，所以才會產生這樣的結果。

昔日，蔬菜只能在產季時收穫。但是從1980年代左右，栽培技術徐徐提升，此外運輸方法也趨近發達，現在幾乎在全國，所有的蔬菜整年均可出現在市面上。也就是說，三訂補版（1978）的成分值分析，幾乎都是產季時收穫蔬菜的成分值，而四訂版（1982）是包含了產季以外收穫蔬菜的成分值，而在五訂補增版中則是全年度自全國各地一般可取得的蔬菜成分平均值。實際上，將現代的當季蔬菜成分與三訂補版（1978）年的數值相較，並沒有太大的差異，今昔相較，現今僅少了若干成分。現在的蔬菜缺少了若干成分的理由，應為品種改良成較早可以收成的品種，與迎合消費者喜好改良的品種，以及因為物流發達，所以在遠距運送的過程中流失了一部分。

若想選擇營養價值高的蔬菜食用，選購當季當地的新鮮時蔬應該是最理想的。

● 時代別蔬菜的營養成分（100g當中所含）

		礦物質（mg）		維他命（mg）	
食品名稱	食品成分表的版數	鈣	鐵	維他命B1	維他命C
菠菜	三補訂版	98	3.3	0.12	100
	四訂版	55	3.7	0.13	65
	五訂增補版	49	2.0	0.11	35
青椒	三補訂版	10	0.5	0.10	100
	四訂版	10	0.5	0.04	80
	五訂增補版	11	0.4	0.03	76
高麗菜	三補訂版	45	0.4	0.08	50
	四訂版	43	0.4	0.05	44
	五訂增補版	43	0.3	0.04	41

Q26

國產蔬菜與進口蔬菜的營養量有何差異？

不論是國產或者進口，影響蔬菜成分的主要原因有2。第1個要因是，不同的品種與栽培環境在採收時蔬菜本身所含營養成份量的差異。第2個要因為，自採收起到我們吃進口中這段物流過程所流失的營養成份量。

國產蔬菜與進口蔬菜，在採收時的營養素含量各異。而在所有蔬菜中有一點共通性，國產蔬菜的鈣質含量比進口蔬菜要少。這是因為日本土壤中的鈣質含量僅有歐美含量的1/6～半量左右。歐美的土壤多為以動物骨骼等蓄積而成的石灰岩(主成分為碳酸鈣)，故鈣質含量較高。

而身為世界少數火山國－日本的土壤，主要是由火山灰蓄積而成，所以土壤中的鈣質含量較歐美低。而在其他的營養素方面，依照種類與品種不同，有些含量國產蔬菜較高，而有些則為進口蔬菜較高，並無其他例子像鈣質這般有明顯差異的傾向。

另一方面，不論是國產或者進口，採收後至店頭上架販賣這段物流過程中，營養素的份量會持續流失。因為蔬菜自採收後仍有生命持續著呼吸，而呼吸需要消費糖、氨基酸、維他命等。透過溫度下降可抑制蔬菜呼吸，可以抑制某程度之內的營養流失，所以基本上蔬菜都是透過低溫運送。但是進口蔬菜，自採收起至店頭販售所需時間約為20日，所以即使是透過低溫運送，可想而知維他命類的損失也會達到無法輕忽的量。而雖說國產蔬菜自採收到上架時間比進口蔬菜短，但也有因為運輸條件而產生營養流失較高的可能性。此外，基本上礦物質在運輸過程中不會流失。

綜合收穫時營養素含量的差異與流通過程中營養成分大量損失等條件，在我們攝取當時究竟國產蔬菜或者進口蔬菜何者營養價值較高，實在無法一概而論。

實際上，參考美國的食品成分表與日本五訂版相較，舉市面上常見自美國輸入的綠花椰菜為例，可知美產綠花椰菜的鈣質含量高出日本產的2成，而其他營養成分比起日本產的有低於3～7成左右的差異。而其他的蔬菜方面依營養素不同國產品含量有高有低。

●日本與美國產綠花椰菜營養成分比較

（將日本產視為100時）

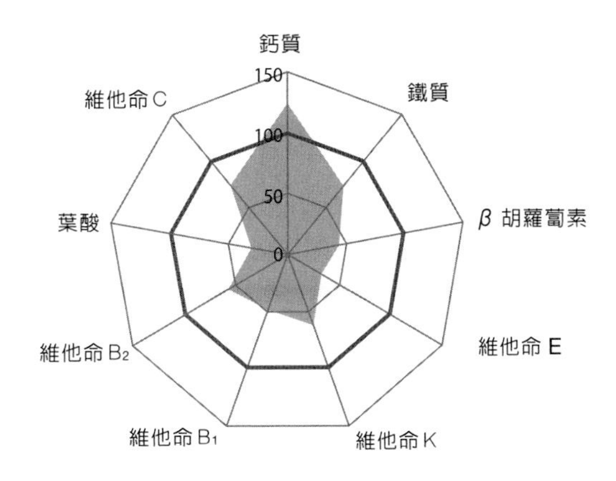

依美日食品成分表數據製表

＊日本店頭販售之國產與進口品，總體平均值

Q27

蔬菜依照部位不同營養含量有所差異嗎？

人們食用植物的根、莖、葉，從中攝取維他命與礦物質、植物纖維、多酚等營養成分。另一方面，對於植物來說，這些成分是他們藉以維持生命的成分，在必要的部分儲存必要的養分。例如鐵質為行光合作用的葉綠素之必要產生成分；而β胡蘿蔔素與維他命E則為光合成之際所需成分；鈣質為與強化細胞膜、細胞壁息息相關的食物纖維與植物組織形成之必要成分；鋅與蛋白質合成有關，是長出新葉的必要成分…等。也就是說在不同的部位營養成分含量各異。

根、莖、葉具有依照功能不同成分含量各異的特徵。存在於土壤中的礦物質，以溶解在水分中的型態透過根部送至莖部抵達葉片，在水分蒸發最頻繁的葉片部分濃縮，所以一般來說礦物質含量在葉片部分最高、次為根部。此外具有抗氧化作用的β胡蘿蔔素與維他命E、維他命C等在行光合作用的葉片部位較高，在不行光合作用的根部較少。

但是也有像是胡蘿蔔一般根部的β胡蘿蔔素較多、或者菠菜一般比起葉片部位根部的鐵質較高這樣的例子，依植物種類不同而產生的差異。

而同樣是根、莖的一部份，根莖部的外圍表皮部分具有支撐組織的功能所以比較硬，比較硬的部分食物纖維較為豐富。蘿蔔等所含特有的辣味成分（稱為異硫氰酸酯Isothiocyanate的硫化物）是與調整植物生長相關的成分。而蘿蔔自根部長成所以越前端硫化物含量越高，食用時辣味較為明顯，而靠近葉片部位成長接近終止所以硫化物的含量較低，也比較不辣。像這樣同為根部也會有成分含量分布差異的現象。

Q28

是否可以從蔬菜表皮與葉片等被丟棄的部分攝取營養？

我們在植物的組織當中，選擇沒有異味柔軟的部分食用，捨去除此之外的部分。不過在我們不吃丟棄的部分中，也多數含有與我們食用部位相同或者以上的營養成分。

蕪菁與蘿蔔、胡蘿蔔，我們多數食用他的根部捨去葉子。但是這些葉子就跟綠黃色蔬菜一般，富含礦物質與維他命。此外、高麗菜與白菜，美生菜外層與芹菜的葉子，這些因為苦味明顯而多數被丟棄的部分，這些部分所含具有抗氧化作用的維他命與多酚，比我們平時食用的部分含量還高。如 Q29 所述〝苦味強〞即為多酚含量高的證明。

此外，蘿蔔與胡蘿蔔等根菜類的皮、以及綠花椰菜莖部表面較硬常被我們削掉捨去的部分，這些蔬菜的表皮為了保護內側柔軟組織所以富含食物纖維。此外，表皮為了要抵抗太陽照射，所以也有表皮比內側抗氧化所需之維他命與香味成分含量較高的情況。

此外、已知菠菜根部紅色部分，高麗菜的心與白菜根部這些多被捨去較硬的部分，菠菜根部的鐵質等與礦物質，白菜根部與高麗菜心的維他命 C 較其他部分含量更高。

Q29

苦瓜等味苦的蔬菜很有營養是真的嗎？

就算將帶有苦味的蔬菜統稱為苦味蔬菜，但依照蔬菜種類不同，呈現苦味的成分也各式各樣。例如苦瓜的苦味成分為葫蘆素類（Cucurbitacin）的苦瓜素成分（Momordicin），也存在於小黃瓜當中。依報告顯示，此種成分有增進食慾與抑制血糖質上生的功效。而整體蔬菜共通的苦味成分為多酚。

蔬菜為了保護自己抵擋來自於紫外線所產生的活性氧，所以會產生多酚與維他命C、β胡蘿蔔素等抗氧化物質。所以富含多酚的蔬菜，β胡蘿蔔素與維他命C含量也很豐富。此外富含鈣質等礦物質時也會感到有苦味。簡而言之，苦味強烈的蔬菜，多酚或維他命C含量高，或者礦物質豐富。所以才會說苦味強烈的蔬菜，營養價值高。

所謂多酚（Polyphenol）就是指含有很多（Poly）酚（Phenol）物質的化學用語，而其種類高達5000種以上。最具代表性的多酚，便是蔬果中的色素成分之黃酮類化合物（Flavonoid）。除此之外，顯示咖啡的苦味成分、牛蒡、茄子澀味成分的綠原酸（Chlorogenic acid），綠茶與紅茶、澀柿子等的澀味成分為單寧類，大豆的大豆異黃酮（Isoflavones）等。

● 苦味成分與其健康效果

	成分名	代表性蔬菜	可期之健康效果
多酚	查耳酮(Chalcone)	明日葉、蠶豆、蕃茄(特別是表皮)	抗氧化、抑制血壓上升、癌症預防
	綠原酸(Chlorogenic acid)	春菊、蘆筍、牛蒡、茄子、香菇、蜂斗菜、萵苣	抗氧化、抗病毒感染、增強免疫系統、抗高尿酸血症、抑制血糖質上升、癌症預防、抑制血壓上升
	木犀草素(Luteolin)	春菊、芹菜、巴西利、青椒、紫蘇	抗氧化、抗過敏、抗發炎、抑制血糖值上升、預防動脈硬化、癌症預防、心臟病 腦中風預防
	芹菜素(Apigenin)	芹菜、巴西利、紫蘇	
	槲皮素(Quercetin)	蜂斗菜、綠花椰菜、萵苣、奶油萵苣、蠶豆、洋蔥	抗氧化、癌症預防、抗血栓、預防動脈硬化、心臟病 腦中風預防、抗過敏、抗發炎
其他	蘘荷二醛(Miogadial)	茗荷	癌症預防、抗菌
	葫蘆素(Cucurbitacin)	苦瓜、小黃瓜	降低血中膽固醇、抑制血糖值上升、抗氧化、增強免疫力、降低血中中性脂肪

多酚有預防低密度脂蛋白膽固醇(LDL)氧化的功效，對於抑制動脈硬化症狀進行有可期效果。而其他例如抗過敏、降低血中膽固醇濃度、血流改善等各種作用，亦有臨床實驗報告。

Q30

大蒜與青蔥等，氣味強烈的蔬菜有益健康嗎？

在紀元前4500年左右的埃及，已知大蒜的藥性功效。在金字塔建造現場的工人們使用大蒜幫助恢復疲勞。

大蒜、洋蔥、青蔥、葉蔥、韭蔥、韭菜、蕗蕎等蔥屬蔬菜具有抗氧化作用，而其中以大蒜的抗氧化效果為最，接著是洋蔥。這些蔬菜當中的抗氧化物質，為呈現蔥屬植物特有氣味的含硫化合物（硫化物）。

每種蔬菜當中所含之含硫化合物的種類各異，大蒜的含硫化合物是一種稱之為蒜氨（Alliin）的物質，大蒜在切或磨之後產生酵素作用轉化成稱為大蒜素（Allicin）的氣味成分。

有許多關於大蒜與洋蔥的健康效果調查，根據報告指出具有降低血液中膽固醇濃度與血糖、降低血壓、預防血栓、癌症預防（大腸、胃、攝護腺）、預防動脈硬化、抗菌等功效。此外，關於大蒜的療效，根據德國天然藥草研究委員會（German's Commission E），認可大蒜在降低血中脂肪與預防動脈硬化的醫療目的中使用。這樣的療效，主要是在大蒜抗氧化方面作用的效果。

另一方面，經證實大蒜的氣味成分大蒜素（Allicin），與水溶性維他命B_1結合後會變成脂溶性的蒜硫胺素（Allithiamin），提高維他命B_1的吸收率，促使其作用持續進行。這也是大蒜被稱為精力食物的原因。維他命B_1為熱量代謝時不可或缺的成分，攝取不足時將會感到容易疲勞，缺乏衝勁。而其他蔥屬蔬菜中所含的含硫化合物也應該具有同樣效果。

蔥屬蔬菜的氣味來源含硫化合物具有容易變化的特性，切開後在放置期間成分會產生變化，加熱過程中又轉化成其他物質。已知在烹煮過程中所產生的新成分當中，亦有比切開時更具抗氧化作用的成分。

含硫化合物為水溶性，泡水之後會滲出。洋蔥等所含之含硫化合物由於辣味強烈，生食之際多會以水浸泡去除辣味，但是要記住辣味去除的同時含硫化合物份量也會減低，如果希望保有健康效果，請盡量縮短浸泡時間。

Q31

秋葵等具有黏性的蔬菜營養價值真的很高嗎？

具有黏性的蔬菜有，薯類的山藥（佛掌芋、長芋、大和芋、自然薯）或者芋頭、綠黃色蔬菜的秋葵、埃及國王菜（Jew's mallow）、明日葉、皇宮菜等。這些蔬菜中產生黏性的成分有二種，一種是醣與蛋白質結合的醣蛋白（Glycoproteins）（黏液素Mucins），另外一種是結合許多醣的多醣類的水溶性食物纖維。

黏液素也是覆蓋在人的眼睛、喉嚨、胃等消化器官表面的黏膜成分，從食物當中攝取的黏液素對於人體會產生什麼作用，仍有許多不明點，在健康效果方面有多大程度的影響目前並不明確。黏液素的分子量很大，無法直接被腸道吸收，所以並非攝取含有黏液素的食品之後，就可以直接促進體內黏膜再生。但是常被認為益於胃部等黏膜保護。

● 蔬菜黏性成分與其健康效果

成分名	可期健康效果	代表性蔬菜
黏液素	保護胃部黏膜	山藥(佛掌芋、長芋、大和芋、自然薯) 秋葵、埃及國王菜、明日葉、皇宮菜
水溶性食物纖維	降低血中膽固醇、抑制血糖上升、 抑制血壓上升、增加善玉菌繁殖、 預防便秘、緩解胃部發炎症狀	

在水溶性食物纖維的功效方面，有一定程度的研究，例如可抑制同時攝取的食物當中的糖與膽固醇等脂肪的吸收等，有助於生活習慣病的預防改善，以及透過調整腸内環境的功效進而產生提高免疫力的效果。

此外，山藥中所含的代表性成分，澱粉分解酵素(澱粉酶Amylase，舊稱澱粉醣化酵素Diastase)。此種酵素，對於米飯等澱粉有促進消化的作用，就算是食慾不振消化液分泌不足時，與山藥一同食用，山藥中的澱粉分解酵素具有與體内消化酵素相同的效果，便可避免造成胃部的負擔，就結論來說與營養素吸收有連帶關係。所以應該是綜合以上的原因，才會說〝具有黏性的食物營養豐富〞。

Q32

辣椒辛辣的成分具有營養效果嗎？

我們吃到加了辣椒的料理時，口中會感到辣辣的。這種被稱為辣椒素(Capsaicin)的辣味成分，刺激了口腔黏膜產生痛覺與灼熱感，所以會感到嘴巴燙燙熱熱的以及特有刺刺的辣味。辣椒素刺激消化系統上的黏膜產生〝熱〞的感覺後，皮膚表面的血管擴張，血液循環加速促進消化液分泌，同時開始流汗排熱這一連串的動作。此外辣椒素刺激中樞神經，從腎上腺髓質(Adrenal medulla)促進腎上腺素等荷爾蒙分泌。最後促進熱量代謝旺盛，在熱量產生的過程當中所生成的水分變成汗液排出體外。也就是說，熱辣的辣椒中所含有的辣椒素，具有促進消化液分泌、發汗、抗發炎等作用。

辣椒素有助於消解中暑症狀。汗水自皮膚蒸發時會消耗極大的熱能，所以在感到熱的時候會排汗，排汗後體溫會下降，身體變冷。辣椒常用於天氣熱的地區，那是因為透過辣椒素的刺激排汗讓身體降溫，此外因為暑氣食慾不振時所伴隨的消化機能下降，也有幫助消化液分泌促進食慾等作用。

天氣炎熱食慾低落時，善用添加辣椒的豆瓣醬、韓國辣味噌、墨西哥辣椒醬、辣油等調味料為佳。此外辣椒素為脂溶性亦會溶解在酒精中，利用油、燒酒等漬泡當成調味料使用非常方便。炒菜時如使用辣椒，先將辣椒與油放入鍋中加熱，再加入其他材料，不僅可以讓辣椒當中的辣椒素充分溶入油中，也可以讓辣味平均入味。辣椒素的量就算過多，油脂有包覆辣味的效果，辣味會減緩。

此外，辣椒的用量只要不超出常識範圍都是安全的，但是食用過量將會引起腸胃發炎等症狀，適量攝取是很重要的。

Q33

低卡的菇類是不是沒有營養？

菇類食品常因脂肪較少，熱量低（卡洛里）而備受注目，但它還含有鉀、鐵、鋅等礦物質，而除了維他命B_1、B_2為首，維他命B群與食物纖維以外，還含有其他植物性食物所沒有的維他命D。鉀促使鈉（鹽分）的排泄，進而幫助高血壓的預防與改善，鐵則是對於貧血的預防與改善有助益。鋅在人體中則是有效運作酵素的必要成分，對於促進新陳代謝有其功效。此外，維他命B_1、B_2則是熱量代謝時不可或缺的成分，以及保持皮膚、黏膜等的健康與維持，維他命D促進鈣質吸收，對於骨質疏鬆症有預防的效果。

一部分的菇類對於降低血液中的膽固醇濃度有其作用，香菇、金針菇、舞菇、平菇、蘑菇等顯示有其效果。特別是香菇對於降低膽固醇有強烈的功效。而已知香菇中所含的香菇普林化合物（Eritadenine）與此作用有關。

此外，香菇與舞菇等菇類含有稱為葡聚多醣體（Beta-glucan）的多醣體，已知對於增加免疫細胞與細胞活性化等有其功效，在抑制癌細胞增生方面亦有可期效果的報告。此外，也有相關報告顯示舞菇對於降低血糖值等有其作用。菇類在營養素以外的成分與其健康效果至今仍有許多未明之處，但對於免疫系統的活性化相關功效的研究報告有持續增加的趨勢，今後的研究成果值得期待。

菇類所含營養素，以維他命B群與鉀一般的水溶性成分居多，泡水之後營養成分會流出。近年來多了許多種菇類養殖工廠，這些工廠所產的菇類比較沒有衛生上的問題，應該可以不經水洗直接使用。最後，菇類受紫外線照射後會生成維他命D，（Q129）所以在使用前可參考照射太陽光2～3個鐘頭。

● 菇類中成分含量較高之營養與其健康效果

	成分名	代表性菇類	可期健康效果
營養成分	鉀	所有菇類	幫助代謝鈉（高血壓預防）
	鐵	松茸、鴻禧菇（Lyophyllum shimeji）、金針菇	貧血、預防並改善手腳冰冷
	維他命B_1	金針菇、舞菇、鴻禧菇	促進碳水化合物之熱量代謝（恢復疲勞）、皮膚、黏膜之維持與健康，神經機能維持（精神安定）
	維他命B_2	金針菇、舞菇、蘑菇、杏鮑菇	促進熱量代謝、促進發育、口內炎、口角炎之預防與改善
	食物纖維	所有菇類（特別是松茸、杏鮑菇、金針菇、鴻禧菇）	整腸、預防 改善便秘、降低血液中的膽固醇
機能性成分	麥角固醇（Ergosterol）	香菇	降低血液中的膽固醇
	香菇多醣體（Lentinan）	香菇	癌症預防
	葡聚多醣體（Beta-glucan）	舞菇、香菇、秀珍菇、滑菇、金針菇、鴻禧菇、松茸	癌症預防

Q34

被稱為對減重很好的海藻類，是不是也有其他可期待的健康效果呢？

海藻類因為脂肪含量少熱量（卡洛里）低，所以是常被推薦於減重的食物之一，而在營養面上富含礦物質與食物纖維，也可以說是具有健康效果的食物。

海藻被稱為是〝礦物質的寶庫〞，富含鈣、鉀、鐵、碘等。鈣質可預防骨質疏鬆，鉀則對於高血壓的改善預防有其效果，而鐵則是對預防並改善貧血有助益。碘是甲狀腺荷爾蒙的生成原料，在蛋白質合成與熱量產生、發育、骨骼成長方面有功效。

食物纖維也是提到海藻不可缺少的重要成分。食物纖維可分為水溶性植物纖維與非溶性食物纖維二種。一般來說水溶性食物纖維有降低血液中膽固醇濃度，與穩定腸道葡萄糖吸收等，以及促進鈉（鹽分）排泄的作用。另一方面非溶性食物纖維有增加便量與改善腸内環境的功效廣為人知。海藻含有此二種食物性纖維。不僅如此，海帶芽與昆布、水雲藻含有褐藻類特有的食物纖維，也就是黏滑特性生成原因的海藻酸（Alginic acid）與褐藻素（Fucoidan）。海藻酸對於膽固醇吸收的抑制與調整腹内環境具有功效，被列為特定保健用食品（トクホ）。此外褐藻素（Fucoidan）在防癌與抗過敏、免疫力增強方面亦有可期效果之報告指出。

除此之外，海藻中的蛋白質在分解過程中所產生的肽（Peptide），已知對於血壓上升的抑制有其功效。而實際上以海帶芽與海苔為原料所製成的肽，以具有「適合用於高血壓者」功效為特定保健用食品所廣為利用。

海藻類關連之健康效果至今仍有許多未明之處，而綜觀至今已知的研究成果而論，在生活習慣病的預防與改善方面應有可期之顯著效果。

● 海藻中成分含量較高之營養素與其健康效果

	成分名	代表性海藻	可期健康效果
營養素	鉀	昆布、海帶芽、鹿尾菜	鈉的排泄(高血壓預防)
	鐵	鹿尾菜、海苔、昆布	預防、改善貧血 預防、改善手腳冰冷
	鈣	石蓴(Ulva)、海苔、昆布、鹿尾菜、海帶芽	預防骨質疏鬆症、抑制血壓上升、預防動脈硬化
	碘	鹿尾菜、海帶芽、海苔、水雲藻、石花菜(寒天、洋菜)	促進熱量代謝、預防骨質疏鬆症
機能性成分	水溶性食物纖維(海藻酸等)	鹿尾菜、海帶芽、海苔、水雲藻等	降低血中膽固醇、抑制血糖值上升、抑制血壓上升、善玉菌增殖、預防便秘、緩和胃炎症狀
	褐藻素(食物纖維)	海帶芽、水雲藻、昆布、鹿尾菜等褐藻類	預防癌症、抗血栓、增強免疫力、抗過敏、抗癌症
	D克拉維酸 ClavulaniC Acid (Dシステノール)	石蓴	抗血栓
	肽(蛋白質)	海帶芽、海苔	抑制血壓上升

Q35

肉類含有什麼營養？

牛肉・豬肉的瘦肉、去皮的雞胸、雞腿肉

由於牛肉或豬肉的瘦肉以及去皮的雞胸、雞腿肉是脂肪含量低的塊狀的蛋白質，所以熱量（卡洛里）低為其特徵。此外，也含有鉀與鐵、鋅等礦物質、菸鹼酸與葉酸、泛酸等維他命B群、膽固醇。

牛、豬、雞肉深紅色部分的鐵質含量較高。肉會呈現紅色是因為與鐵質當中含有血紅素。血紅素在血液中變成血紅蛋白，負責將氧氣運送到身體的組織當中，而在肌肉當中則變成肌紅蛋白，在肌肉當中負責氧氣的儲存。而含鐵量豐富的地方鋅含量也有較高的傾向。

除此之外，鉀透過促進鈉排泄的功能有抑制血壓上生的作用，而鐵為紅血球的構成成分與葉酸一同有改善 預防貧血的功能。鋅與菸鹼酸、泛酸有保持皮膚、黏膜健康的功效，更是熱量代謝中不可或缺的維他命。

脂身（肥肉多的部位）

脂身如字面意思一般是指脂肪較多的部位。特徵為熱量比其他的部位還要高出很多（脂質1g為9kcal）。脂質的主要成分脂肪酸可分為飽和脂肪酸、單元不飽和脂肪酸、多元不飽和脂肪酸與脂肪酸，而肉類的脂肪中，飽和脂肪酸與單元脂肪酸的比例較高，多元不飽和脂肪酸的比例較低。過度攝取飽和脂肪酸會使血液當中低密度脂蛋白膽固醇（LDL）與中性脂肪增加，成為招致動脈硬化的原因。而單元不飽和脂肪酸有降低血液中的LDL膽固醇濃度效果。

其他方面，肥肉多的部位中也含有脂溶性維他命K、鐵、鋅、納與鉀。

內臟

肝臟不僅富含蛋白質，更有其他部位無法相提並論的礦物質與維他命含量。除此之外，更含有在其他部位中十分稀少的肝糖(Glycogen)(碳水化合物)。不僅如此，肝臟中更含有在動物性質品當中非常罕見，並且含量不輸蔬菜水果的維他命C。而其中更以牛肝的維他命C最為豐富，含量不輸橘子。肝糖具有在體內可以迅速轉化為熱量的特徵，而維他命C則為膠原蛋白合成的必須成分，有助於皮膚、黏膜的健康與維持，亦有抗氧化的效果。

而肝臟以外的內臟類，除了雞胗，整體來說肉類的脂肪含量會比肝臟高。膽固醇部分則比肥肉多的部位含量更高。雖然依照部位各有所異，但比較起來鐵與鋅的含量較高。此外，心臟含有其他部位較稀少的維他命K以及維他命B_2。維他命B_2為碳水化合物、脂肪、蛋白質轉化成熱量時不可或缺的成分，對於皮膚與黏膜的健康與維持有其效果。

Q36

牛肉・豬肉・雞肉各別營養特徵為何？

牛肉的營養特徵

牛肉與雞肉、豬肉相較，鐵質、維他命B_{12}、鋅與肉鹼(Carnitine)的含量較為豐富。牛肉比其他的肉類紅色更深，是因為鐵質含量高的緣故。牛肉所含鐵質不僅為豬肉與雞肉的3～4倍，質量上更好。牛肉的鐵質以腸道吸收率較高的血紅素來說為50～60%，比起雞肉或豬肉的(30～40%)高出將近二倍。鐵質為紅血球的構成材料，與有造血作用的維他命B_{12}一同對於貧血的預防與改善有其功效。鋅則是蛋白質合成相關酵素不可或缺的礦物質，對於促進新陳代謝，皮膚與黏膜的健康與維持以及保持味覺正常運作相關。此外肉鹼是脂肪轉換成熱量之際所需成分。

另一方面，牛肉的脂肪對人體有害，原因在於與豬肉、雞肉相較，飽和脂肪酸的比例較高，而在人體內無法合成必須透過食物攝取的必需脂肪酸(多元不飽和脂肪酸)的比例則較豬肉、雞肉低。現今已知過度攝取飽和脂肪酸會使血液當中低密度脂蛋白膽固醇(LDL)增加，而飽和脂肪酸的攝取量越高，心肌梗塞的風險越大。

豬肉的營養特徵

豬肉所含維他命B_1含量為牛肉與雞肉的10倍以上，與其他食品相比這樣的含量亦很出衆。維他命B_1是碳水化合物轉換成熱量時不可缺少的維他命，以有助於恢復疲勞而廣為人知。

與牛不同，豬肉中的脂肪為優質脂肪的理由是，飽和脂肪較牛肉低，而相反的必需脂肪酸的含量則高達將近3倍左右。必需脂肪酸顯示有降低血液中膽固醇的作用以外，對於構成人體約60兆細胞的細胞膜，更是與免疫系統等調節相關的生理活性物質(類花生酸Eicosanoid)的原料。油酸(Oleic acid)(單元不飽和脂肪酸)已知具有降低血液中膽固醇的效果，而豬肉中所含油酸份量與牛肉幾乎相近，比雞肉要多出一些。

雞肉的營養特徵

雞肉中所含維他命A、泛酸、膽固醇要比牛肉、豬肉高。維他命A有促進細胞再生的功效，對於皮膚與黏膜的健康有有助益。此外、維他命A

● 牛肉・豬肉・雞肉部位各別之營養成分(100g中含量)

		紅肉				肥肉多的部位		
		牛菲利	豬菲力	雞胸肉(去皮)	雞腿肉(去皮)	牛脂身(腿)	豬脂身(腿)	雞皮
熱量	(kcal)	133	112	108	116	650	716	497
蛋白質	(g)	21	23	22	19	7	5	10
脂肪	(g)	5	2	2	4	66	74	49
鐵	(mg)	2.8	1.2	0.2	0.7	0.9	0.5	0.3
維他命A	(ug)	4	2	8	18	38	13	120
維他命k	(ug)	2	0	14	36	19	1	110
維他命B_1	(mg)	0.10	1.22	0.08	0.08	0.02	0.23	0.02
維他命B_2	(mg)	0.25	0.25	0.10	0.22	0.03	0.04	0.05
菸鹼酸	(mg)	5	5	12	6	2	2	7
維他命B_{12}	(ug)	2.0	0.2	0.2	0.4	0.4	0.3	0.4
葉酸	(ug)	5	1	8	14	2	1	3
泛酸	(mg)	1.3	0.9	2.3	2.1	0.5	0.3	0.7
維他命C	(mg)	1	1	3	4	1	0	1
膽固醇	(mg)	62	65	70	92	77	81	110

*牛肉為進口牛肉數值

為脂溶性，所以比起肉、靠近雞皮附近脂肪較多的部分含量更高，帶皮的雞肉比起沒有帶皮的部分，含量約為二倍左右。泛酸（維他命B群之一）為製造體內熱量之際所需之必要成分。另外膽固醇為細胞膜之構成成分之一，也是脂肪消化時所需的膽汁酸與性荷爾蒙，以及體內維他命D轉換成分（維他命D前趨物質）的原料。

雞肉脂肪中所含飽和脂肪酸較牛肉與豬肉為低，而必需脂肪酸的比例較高為其特徵。

內臟						
牛肝	豬肝	雞肝	牛心	豬心	雞心	雞胗
132	128	111	142	135	207	94
20	20	19	17	16	15	18
4	3	3	8	7	16	2
4.0	13.0	9.0	3.3	3.5	5.1	2.5
1100	13000	14000	9	9	700	4
1	0	14	5	1	51	28
0.22	0.34	0.38	0.42	0.38	0.22	0.06
3.00	3.60	1.80	0.90	0.95	1.10	0.26
14	14	5	6	6	6	4
52.8	25.2	44.4	12.1	2.5	1.7	1.7
1000	810	1300	16	5	43	36
6.4	7.2	10.1	2.2	2.7	4.4	1.3
30	20	20	4	4	5	5
240	250	370	110	110	160	200

Q37

最喜歡肉了。只吃肉的話會發生什麼事呢？

肉類所含的豐富蛋白質，是維持人類生命不可缺少的營養素。但是如果持續極端的從肉類中攝取大量的蛋白質，根據報告顯示會造成胰島素感受性低下，或尿液中鈣含量增高等危及身體健康的症狀。也就是說、這也有可能會成為骨質疏鬆症與糖尿病的成因。但是如果是健康的人在日常的飲食中過度攝取肉類的程度，是絕對不會有這樣的問題。反倒是攝取過量產生脂肪攝取過剩方面的問題有關。脂肪攝取過量，會造成血液中的膽固醇、中性脂肪增加，會招致體脂肪囤積。此外蛋白質攝取過量會變成體脂肪囤積起來。也就是說，持續的過量攝取肉類也會造成以肥胖為首的各式各樣生活習慣病。此外、肉類的脂肪中所含飽和脂肪酸與單元不飽和脂肪酸較高，而相反的魚類中多元不飽和脂肪酸含量高脂肪酸含量較低，單吃肉類不吃魚類恐會造成多元不飽和脂肪酸攝取不足，有導致皮膚炎等症狀發生的可能。

食品中的蛋白質透過消化過程分解，變成基本單位1分子的氨基酸後被小腸吸收。氨基酸是構成體內臟器等的蛋白質與神經傳導物質的原料，為人體不可缺少的成分，但在體內無法被用盡的份量將會變成體脂肪。這種氨基酸的代謝過程在肝臟與腎臟中進行，所以蛋白質攝取過量，也會造成肝臟與腎臟的負擔。

根據過往的研究結果顯示，為了要避免肉類攝取過量所造成的弊害，健康的人一日所需蛋白質攝取量，體重1kg希望可以控制在2.0g以下。此外在今天，日本人蛋白質的攝取量較高的年齡層(20～29歲男性)，體重1kg的平均攝取量約為1.2～1.3g(平成19年度國民健康營養調查、厚生勞動省），雖然與飲食攝取基準2010年版（厚生勞動省策定）所推薦的蛋白質攝取量（0.8～1.0g）還要高，但並非是高到需要擔心有損健康的量。

雖然相同為蛋白質，但如果是大豆般的植物性蛋白質，富含對降低血中膽固醇濃度有助益的食物纖維與胜肽，所以比起將肉類做為蛋白質攝取源時所產生的弊害幾乎不會發生。也因此希望將動物性與植物性蛋白質以1：1的比例同時攝取。

此外，蛋白質攝取過剩時，為了代謝所需之維他命B6攝取也必需增加，維他命B6不足時也會導致皮膚炎等症狀產生。請避免極端偏頗的攝取單一食品，留心注意均衡營養的飲食攝取才是最重要的。

Q38

魚類中含有什麼營養呢？

魚類是因長壽飲食而聞名世界的日本和食中不可或缺的食材之一。魚的主要成分為蛋白質，脂肪依魚種與部位、季節而有顯著的差異。魚類的脂肪含有二十碳五烯酸（Eicosapentaenoic acid, EPA）以及二十二碳六烯酸（Docosahexaenoic Acid，DHA）兩種具有健康效果的優質脂肪酸（多元不飽和脂肪酸）。此外，亦含有肉類與蔬菜類中含量極為稀少的維他命D，為其特色。

現今、雖然日本魚類消費量持續降低，但魚類仍是日本人重要的維他命與礦物質攝取來源。根據國民健康與營養調查（厚生勞動省實施）指出，日本人約有四成維他命D，三成維他命B_{12}，二成的菸鹼酸是從生魚中取得。其他還有維他命E與鉀、鎂、鐵、鋅等亦有百分比不一的比例自魚類中取得。

維他命D有促進鈣質吸收的功效，對於骨質疏鬆症的預防有其功效。維他命B_{12}有造血作用，與鐵質一同對於貧血、手腳冰冷有預防與改善的效果。此外，菸鹼酸與鋅有助於皮膚與黏膜的健康維持有益；維他命E為抗氧化物質，在生活習慣病的預防與抑制老化等方面有其效果。而鎂更是脂肪等轉化成熱量代謝時不可缺少的礦物質。

魚類部位別之營養

魚類所含營養素份量依照部位有別，一般來說腹部的脂肪含量要比背部豐富。此外，肝臟等內臟之維他命A與維他命D含量較高，血合肉部位則是鐵與維他命B_1、維他命B_2較多，魚肉的部位為菸鹼酸與維他命E，皮的鋅含量則比其他部位要高。此外骨頭與頭部的鋅與鈣質含量較為豐富。

白肉魚與紅肉魚的營養差異

鯛魚、鰈魚、鱈魚、比目魚等是所謂的白肉魚，與鮪魚、鰹魚、鯖魚、沙丁魚等紅肉魚相較脂肪含量較低，熱量（卡洛里）較低為其特徵。因為脂肪含量較低所以相對的EPA與DHA較少，維他命A也有含量較低的傾向。此外肉色呈白色，從血合肉部位少這點看來鐵質相對的也較少。紅肉魚的脂肪有比白身魚高的傾向，脂肪多相對的脂溶性維他命（維他命A、D、E）與EPA、DHA的量也高。此外肉色呈紅色，血合肉多也就表示鐵質含量較高，此外維他命B_1、B_2、B_6與菸鹼酸的十分豐富。維他命B6為蛋白質代謝時不可缺少的維他命。

● 魚與魚卵的營養成分（100g中含量）

	白肉魚		紅肉魚		其他	小魚	魚卵	
	鯛魚	鰈魚	沙丁魚	鰹魚（秋季捕獲）	鰻魚	魩仔魚干	鱈魚	鮭魚
熱量（kcal）	77	95	217	165	225	113	140	272
蛋白質（g）	18	20	20	25	17	23	24	33
脂肪（g）	0	1	14	6	19	2	5	16
鉀（mg）	350	330	310	380	230	210	300	210
鈣（mg）	32	43	70	8	130	210	24	94
鐵（mg）	0.2	0.2	1.8	1.9	0.5	0.6	0.6	2.0
鋅（mg）	0.5	0.8	1.1	0.9	1.4	1.2	3.1	2.1
維他命A（ug）	9	5	40	20	2400	140	24	330
維他命D（ug）	1	13	10	9	18	46	4	44
維他命E（mg）	0.8	1.5	0.7	0.1	7.4	1.0	7.1	9.1
維他命B_1（mg）	0.10	0.03	0.03	0.10	0.37	0.11	0.71	0.42
維他命B_2（mg）	0.10	0.35	0.36	0.16	0.48	0.03	0.43	0.55
菸鹼酸（mg）	1	3	8	18	3	3	50	0
維他命B_{12}（ug）	1.3	3.1	9.5	8.6	3.5	4.3	18.1	47.3
葉酸（ug）	5	4	11	4	14	29	52	100
膽固醇（mg）	58	71	65	58	230	240	350	480

鰻魚的營養特徵

鰻魚自古以來便有滋養強壯功效的說法，是非常營養豐富的食物。大片的蒲燒鰻魚1串(100g)中，所含的營養成分如下，蛋白質含量為飲食攝取基準(厚生勞動省策定)成人女性所需一日攝取量的將近五成，鈣含量將近二成，鋅近三成，維他命B_1將近七成，維他命B_2超過六成，菸鹼酸超過三成，維他命B_{12}則有將近超過九成的份量。此外維他命A的含量超過所需標準的二倍以上，維他命D約為3.5倍之高。鰻魚黏滑的成分為醣蛋白(黏液素Mucins)，對於胃部黏膜有保護的功效。

小魚的營養特徵

內臟以及頭部骨頭等可以一整個吃進肚子裡魩仔魚與其他小魚，富含鈣質與鋅、維他命A與膽固醇。不僅如此，魩仔魚的維他命D含量豐富，其含量在衆多食品當中僅次於鮟鱇魚肝位居第二。

魚卵的營養特徵

魚卵與雞蛋相同，是一種含有各式含量豐富營養素的優秀食物。蛋白質含量比肉還要高，脂肪含量方面鯡魚卵與鱈魚卵則是比白肉魚含量略高一些，鮭魚卵的話與鰤魚等紅肉魚相較含量相仿。此外、鋅與鈣質等礦物質、維他命E與泛酸(維他命B群之一)等的維他命含量也很豐富。

而其中以鮭魚卵的營養價值為最，維他命A、E、B_1、B_2、B_{12}、鎂的含量更是所有食物當中的翹楚。而緊接在鮭魚卵之後鱈魚卵的營養價值也很高，維他命B_1、B_2與維他命E、鋅的含量在衆多食品當中也是不遑多讓，而其中鋅與鉀的含量比鮭魚卵更高。鯡魚卵雖然與鮭魚卵、鱈魚卵相較略遜一籌，但是與其他食品相比營養價值依舊很高，而其中的葉酸含量比鮭魚卵與鱈魚卵更高。

Q39

青背魚為何被稱為對身體有益的魚類呢？

以魚類海豹為主食居住在格陵蘭的民族（愛斯基摩人），不僅主要脂肪攝取量來自水產，更持續過著幾乎不吃蔬菜的生活。雖然如此，根據1970年代流行病學調查結果發表顯示，死於心肌梗塞的比例與歐美人相較之下極低。也因為這個報告結果，使得魚類與健康的關係受到注目，一日攝取30～60g的魚類可以降低因心臟病致死的風險為40～60%，此外，一週攝取1～2次，對於心臟病亦有可期的預防效果，不僅如此，伴隨攝取的次數與份量增加，預防效果上升，而吃魚對於腦中風發病風險亦有降低的效果，對於與60歲以上高齡者視力息息相關的，老年黃斑部病變預防有效等報告陸續被提出。

魚類與海豹的脂肪中，富含二十二碳六烯酸（Docosahexaenoic Acid，縮寫DHA）與二十碳五烯酸（Eicosapentaenoic acid, 縮寫EPA）此種單元不飽和脂肪酸（n-3系不飽和脂肪酸），已知魚類本身所具有的健康效果，主要是來自此種營養成分的運作。

魚類中所含的EPA與DHA，本是來自海中浮游植物所合成的a-亞麻酸而成。浮游植物與浮游動物在被魚類攝食的過程中，變成a-亞麻酸轉化成EPA與DHA，最後變成魚類的脂肪被儲存起來。而鯖魚、鮪魚、秋刀魚等也就是通稱的青背魚類，脂肪中的EPA與DHA含量更叫其他魚種要高（下表）。EPA與DHA人體所需的份量並無法在自體內製造，是種必需透過食物攝取的必需脂肪酸，而青背魚是EPA與DHA的重要供給來源。

EPA與DHA是身體細胞膜構成的原料，在體內則是與具有荷爾蒙般作用的生理活性物質（類花生酸）生成轉換，與血液循環以及發炎抑制、過敏反應有關。根據至今的流行病學調查與臨床研究中顯示，EPA與DHA在血栓或動脈硬化的預防，癌症預防、血液中的中性脂肪與降低膽固醇濃度、降低血壓、提高免疫力、異位性皮膚炎和蕁麻疹、氣喘等過敏有抑制作用，對人體的攻擊性有抑制效果。實際上、現今對於降低血液中的中性脂肪此一療效已為特定健保用食品(トクホ)所使用。此外EPA也已經是被作為動脈硬化治療藥品，於醫療系統中被使用。

綜觀以上等情況，食物攝取基準2010年版(厚生勞動省策定)也編入推薦每人每日EPA與DHA等n-3多元不飽和脂肪酸攝取量為1.8～2.4g以上。

● 富含二十二碳六烯酸(Docosahexaenoic Acid，縮寫DHA)
與二十碳五烯酸(Eicosapentaenoic acid, 縮寫EPA)的魚類

魚類	EPA	DHA	合計
鮟鱇魚肝	2300	3600	5900
鮪魚脂身	1400	3200	4600
大西洋鯖魚	1600	2300	3900
鮭魚卵	1600	2000	3600
鰤魚	980	1700	2680
秋刀魚	890	1700	2590
白帶魚	970	1400	2370
銀鮭	740	1200	1940
鰻魚	580	1100	1680
真鯛魚	600	890	1490
土魠魚	380	940	1320
大西洋竹莢魚	410	890	1300

(mg/可食用部位每100g當中含量)

不過雖然說EPA與DHA對人體有益，但是也不是說盲目的大量攝取就好。富含於肉類脂肪中的脂肪酸或存在於植物油當中的單元不飽和脂肪酸，應與EPA和DHA中的多元不飽和脂肪酸均衡攝取才是最重要的。此外，原則上飽和脂肪酸與單元不飽和脂肪酸以及多元不飽和脂肪酸的攝取比例應為3：4：3為佳。

Q40

我不太喜歡吃魚皮。但是人們常說連魚皮一起吃比較好的理由是？

也有因為抗拒魚皮獨特黏滑口感而不吃魚皮的人。魚皮主要的成分為膠原蛋白。其他成分例如鋅也存在於多數魚皮當中，特別是背側黑色的部分。全魚整體的維他命B2含量在魚皮的部位便佔一成多。此外存在於魚皮內側的脂肪，則含大量具有高健康效果的二十二碳六烯酸（Docosahexaenoic Acid，DHA）與二十碳五烯酸（Eicosapentaenoic acid, EPA），也有脂溶性維他命A。像這樣魚皮部位，飽含豐富的營養素，並不比魚肉遜色，盡可能的話還是一同攝取比較好。

膠原蛋白，是存在於人體皮膚、關節、骨骼等組織當中的蛋白質，約佔構成身體脂蛋白之總量的25%。膠原蛋白在消化過程中會被拆散分解，與其他的蛋白質相同，會以氨基酸的形式被人體吸收，所以存在於食品中的膠原蛋白無法在進入身體之後直接被皮膚或者血管壁等組織合成利用。但是可以確定的是，我們自食品當中攝取充分足夠的膠原蛋白，有助於體內膠原蛋白的合成。理由是因為膠原蛋白合成時所必需之特定氨基酸（羥脯胺酸Hydroxyproline等），這些氨基酸僅存在於膠原蛋白中。

鋅在人體內為200種類以上酵素之不可或缺的礦物質。此外、維他命B_2是碳水化合物、脂肪、蛋白質代謝時不可缺少的營養素，攝取量不足時將導致口內炎與口角炎，眼睛充血等黏膜方面的問題發生。

如果不喜歡烤魚或煮魚時魚皮的黏滑口感，可以將魚皮單獨剝下以烤箱或者平底鍋燒烤，不僅可以將魚皮烤的香脆，也能享受到膠原蛋白特有的彈牙口感。或者切碎與小黃瓜、生薑等做成醋味涼拌，或淋上美奶滋、沙拉醬做成沙拉也是一個不錯的選擇。增加魚皮中所富含鋅等礦物質的吸收率，添加檸檬、柚子醋等酸味也很推薦。

● 白腹鯖（日本鯖魚）所含鋅與維他命B2的分布

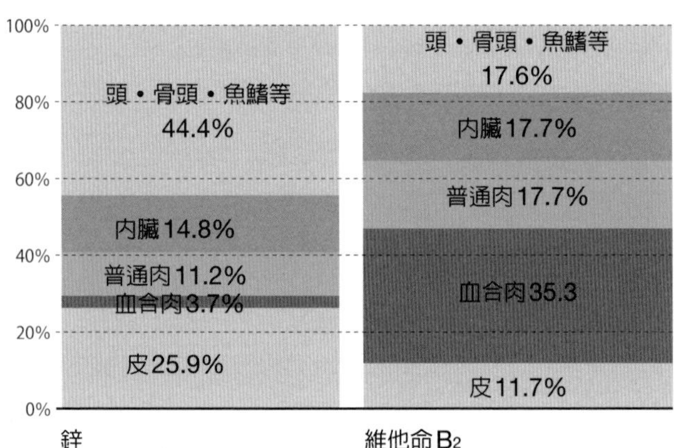

鋅	維他命B2
〔可期健康效果〕	〔可期健康效果〕
促進新陳代謝	促進熱量代謝
皮膚黏膜的健康・維持	皮膚・黏膜的健康・維持
味覺、嗅覺異常預防與改善	口內炎・口角炎的預防與改善
感染病預防	促進成長

佐藤守等、水產廳、昭和59-62年度水產類營養成分利用
技術開發資料集，111-170 （1988）

Q41

花枝、章魚、蝦、螃蟹、含有哪些營養素呢？

花枝、章魚等軟體動物與蝦子、螃蟹等甲殼類，主要成分為蛋白質、脂肪含量低，熱量（卡洛里）也低為其特徵。維他命E與鋅、鉀、膽固醇等含量也不低。

軟體動物與甲殼類特徵性的營養素，是含有其他食品中含量較低的銅。銅為體內搬運氧氣的角色，脊椎動物則是利用鐵搬運，軟體類與甲殼類等因為沒有脊椎所以使用銅代替鐵。此外、連內臟都可以食用的螢火魷或短爪章魚，比起只食用身體部位的章魚或蝦、螃蟹的銅含量高達10倍以上，除此之外短爪章魚的鋅與鐵、螢火魷的維他命A與維他命E含量豐富也是特色之一。

● 花枝、章魚、蝦、螃蟹的營養成分（100g中含量）

		北魷	章魚	明蝦	鱈場蟹
熱量	(kcal)	88	76	97	59
蛋白質	(g)	18	16	22	13
脂肪	(g)	1.2	0.7	0.6	0.3
鉀	(mg)	270	290	430	280
鋅	(mg)	1.5	1.6	1.4	3.2
銅	(mg)	0.3	0.3	0.4	0.4
維他命A	(ug)	13	5	4	1
維他命E	(mg)	2.1	1.9	1.8	1.9
膽固醇	(mg)	270	150	170	34

銅為體內多種酵素之構成材料，具有抑制活性氧的作用，幫助骨骼形成以及幫助紅血球合成。維他命E為抗氧化物質，對於生活習慣病的預防與抑制老化進行有益。鋅與維他命A透過促進新陳代謝效能進而有對皮膚、黏膜的健康與維持有益，此外透過促進鉀與鈉（食鹽）的排泄進而對血壓上升有抑制的作用。膽固醇是構成人體60兆細胞的細胞膜構成成分，也是性荷爾蒙與維他命D的原料。

雖然膽固醇攝取過量會成為導致生活習慣病開端的隱憂，但如同Q42所述，軟體動物與甲殼類中富含有降低血液中膽固醇濃度的牛磺酸（Taurine）（氨基酸之一），所以對於膽固醇方面問題基本上應該是不需要擔心的。

Q42

關於花枝、章魚、蝦、螃蟹的膽固醇需要擔心嗎？

膽固醇這樣東西，誰都認為是不好的物質，但是卻是動物細胞膜與荷爾蒙等構成時必需的重要原料成分。膽固醇存在於動物性食物當中，而其中魚卵含量豐富，花枝、章魚、蝦子等也有。

那需要注意膽固醇攝取的人，是不是避免吃花枝、章魚、蝦子等會比較好呢？其實並沒有這樣的事情。理由很簡單，這些水產食品當中，含有大量降低血液中膽固醇濃度效果的牛磺酸（Taurine）（氨基酸之一）。就算吃了花枝、章魚、蝦子等血液中的膽固醇濃度也不會上升這件事，在多數的研究中得到證實，高膽固醇血症（Hypercholesterolemia）的飲食控制療法中並未將這些食物列為限制對象。

牛磺酸之所以可以抑制血液中膽固醇上升，是因為在肝臟裡有促使膽汁酸（膽固醇為主要成分）分泌的效果，進而消耗肝臟中的膽固醇。膽固醇作為膽汁酸的原料被使用，相對的便會降低血液中自肝臟所釋放的膽固醇含量。此外、從動物實驗上得知，牛磺酸除了降低了低密度脂蛋白的（LDL）膽固醇，也有增加高密度脂蛋白的（HDL）膽固醇的作用，還可以透過抗氧化作用抑制LDL氧化進而對於動脈硬化起了預防的效果。

在海外以人體為對象所進行的研究中，發現以螃蟹取代蛋、肉的攝取，血液中的膽固醇數值並不會升高。此研究也攝取貝類，報告中顯示，如果是牛磺酸含量特別高的蛤蠣（蛤仔）或牡蠣，血液中的LDL膽固醇數值有降低的結果。

● 富含牛磺酸的海產類（100g中）

海產類	牛磺酸含量（mg）
黑鮑魚	946
帆立貝	784
牡蠣	700
花蛤	664
松葉蟹	243
比目魚	171
明蝦	150
真鯛	138
鯖魚	84
日本竹莢魚	75
鰹魚	16

● 高膽固醇的海產類（100g中）

海產類	膽固醇含量（mg）
鮭魚卵	480
鱈魚精巢	360
鱈魚卵	350
海膽	290
北魷	270
螢火魷	240
鯡魚卵（鹽漬泡水還原後）	230
明蝦	170
章魚	150
蠑螺	140

牛磺酸有恢復疲勞、透過改善並強化肝臟機能進而提高膽固醇的分解機能，透過抑制交感神經興奮使血壓下降，而促進胰島素分泌並使得血糖值下降等各種值得期待的效果。富含於水產中的牛磺酸，不僅無須擔心膽固醇的問題，更可以說是具有改善與預防生活習慣病等，對健康有益希望可以積極攝取的成分。

牛磺酸耐熱，即使高溫調理也不會變質，由於具有水溶性的特性，如果使用水煮會有一部份溶於水中，所以推薦用較少量水或者連同湯汁一起享用，也可以用蒸煮的酒蒸方式，有必要花些心思用方法將損失降至最低。

Q43

牡蠣被稱為“海中牛奶”的理由是什麼？

牡蠣之所以會被稱為“海中的牛奶”應該是因為，濃稠的口感令人聯想到牛奶，以及與牛奶相仿的高營養價值吧。實際上已知牡蠣的萃取物相較其他貝類含量要高，鮮味也更為濃烈。

牡蠣在產卵前冬季至初春這段時期是產季，肝糖（Glycogen）這種碳水化合物含量會增加。肝糖是與溫潤、味道的深度、滿足感、濃稠度強烈有關的成分，已被證實蘊含了肝糖的牡蠣風味會更好。此外，也知道了在產季裡，鮮味與甜味的成因穀胺酸、甘胺酸、牛磺酸等游離氨基酸平均來說都會增量。

從營養面著眼，牡蠣還有鋅、銅、鎂、鐵、鈣質等，富含日本人普遍不足的礦物質，而維他命B_{12}、B_2、葉酸等維他命B群也有豐富含量為其特徵。特別是鋅含量更是食物當中出類拔萃的高含量，比起第二高含量的豬肝（100g中約6.9mg）更有將近二倍（13.2mg）的量。攝取牡蠣4～5粒（80g）左右，就可以補足成年女性推薦一日攝取（厚生勞動省策定）的鋅與銅份量，而維他命B_{12}更有高達十二倍的份量。其他還有、鎂與鐵約有二成，鈣質約有一成，葉酸與維他命B_2則有一成左右的份量。鋅是蛋白質在合成時有關的酵素等，以及體內約200種以上種類酵素的必需成分，有促進皮膚、黏膜再生，保持味覺正常的功效。銅與鐵、維他命B_{12}與紅血球形成有關，對於貧血的預防、改善等有其功效。

此外、氨基酸中鮮味成分之一的牛磺酸含量也很豐富，帶殼牡蠣的牛磺酸含量更是海產類中的翹楚。但是要注意的是，牛磺酸為水溶性，直接浸泡在水中裝袋的牡蠣牛磺酸含量，只有帶殼牡蠣的一半左右。牛磺酸與人體內的新陳代謝息息相關，在高血壓的預防、改善，血液中膽固醇濃度降低，提高免疫力等作用方面受到注目，已被利用於製成提高心臟與肝臟機能方面的藥品上。

● 牡蠣中含量高的營養成分與健康效果

	成分名	含有量(100g中)	可期健康效果
礦物質	鋅	13.2mg	促進新陳代謝、預防感染疾病、皮膚與黏膜的健康・維持、預防味覺與嗅覺異常
	銅	0.89mg	預防・改善貧血、強化血管壁與骨骼、預防骨質疏鬆症
	鎂	74mg	預防骨質疏鬆症、心臟與血管的機能維持、促進熱量代謝
	鐵	1.9mg	預防並改善貧血，預防並改善手腳冰冷
維他命	維他命 B_{12}	28.1ug	預防並改善貧血，預防動脈硬化
其他	牛磺酸	380～910mg	預防高血壓、強化肝臟機能、促進胰島素分泌、降低血中膽固醇
	肝糖	—	能量補充

Q44

貝類依照種類不同營養成分有差異嗎？

貝類中含有鋅、鉀等礦物質，維他命B_2與B_{12}等維他命B群，此外也是非常好的牛磺酸供給源。即便相同是貝類，依種類不同維他命與礦物質含量差異也很大。體積越小的貝類(花蛤、蜆、小蛤蠣等)鐵與鈣、維他命B_{12}的含量越豐富，相反的體積大的貝類(牡蠣、海螺、帆立貝、鮑魚、蠑螺等)有蛋白質與鉀含量較高的傾向。

我們較常將蜆或花蛤、蛤蠣般體積小的貝類煮成湯，僅品嚐自貝類中溶入湯汁的鮮美而剩下貝肉的人也不在少數。湯汁中有水溶性的牛磺酸與維他命B群與鉀，但是鐵等礦物質幾乎都留在貝肉裡。蜆在貝類中鐵質的含量特別豐富，貝肉比較小取食略嫌麻煩，但如果視為攝取礦物質的話應該連同貝肉一同享用。

牡蠣或帆立貝等貝肉較大的貝類，加熱過度將會使構成組織的膠原蛋白激烈收縮，可以事先以擰毛巾的方式將汁液擰出。擰出的汁液含有鮮味來源的氨基酸、牛磺酸與維他命

● 貝類的營養成分(100g)

		蜆	花蛤	帆立貝	鮑魚
熱量	(kcal)	51	30	72	73
蛋白質	(g)	6	6	14	13
鉀	(mg)	66	140	310	200
鈣質	(mg)	130	66	22	20
鐵	(mg)	5.3	3.8	2.2	1.5
鋅	(mg)	2.1	1.0	2.7	0.7
維他命B_2	(mg)	0.3	0.2	0.3	0.1
維他命B_{12}	(ug)	62.4	52.4	11.4	0.4
膽固醇	(mg)	78	40	33	97
牛磺酸	(mg)	—	644	784	946

B群，鉀等水溶性成分。或者做成牡蠣炊飯一般連同湯汁都可以享用的料理，便無須擔心營養流失的問題，類似帆立貝奶油燒這樣湯汁會流失的料理時，請務必注意不要加熱過頭。肉類的膠原蛋白在加熱65℃以上便會急遽收縮，海產類的膠原蛋白開始收縮的溫度會比肉類更低，為了保有貝類的美味請在烹煮時掌握弱火、短時間烹煮的重點。

Q45

雞蛋為什麼會被稱為“完全營養食品”呢？

所謂的“完全營養食品”是指，含有所有人類生存所需的全部營養素，僅吃這項食物便可存活。雞蛋中有從雞蛋孵化成小雞將近21日之間所需要的所有營養素，對於小雞來說，的確是如同字面一般的“完全營養食品”，但是雞蛋對人來說並無法稱為“完全營養品”。不過雖然如此雞蛋還是可以稱為“接近完全營養的食品”。

雞蛋自古以來之所以會被視為營養價值含量高的食品，應是雞蛋富含在人體內可以被高效率利用的優質蛋白質之故。一個雞蛋(50g)，約有一餐所需蛋白質的三成。而蛋白質的「蛋」字，在中文裡代表著「雞蛋」的意思。

此外、鐵質、鋅、維他命A、D、K、B_2、B_{12}、葉酸、泛酸、約各佔一餐所需的二～六成，含有多種均衡豐富的營養素。不過並不含維他命C與食物纖維，菸鹼酸、鎂、維他命B_1等的含量較少。

蛋類是不分料理種類，廣泛的被使用的食物。在雞蛋中攝取量不足的維他命C與食物纖維等，可以製作例如苦瓜雜菜炒蛋等這樣的料理，與蔬菜組合彌補，或者餐後以水果補充，補足所需的所有營養素。

● 雞蛋的營養成分

		一餐攝取基準	一個雞蛋中（50g）	一餐中所佔比例（%）
熱量	（kcal）	667	75.5	11
蛋白質	（g）	17	6	37
脂肪	（g）	17	5	31
碳水化合物	（g）	113	0.2	0
鉀	（mg）	667	65	10
鈣質	（mg）	217	26	12
鐵	（mg）	97	6	6
鎂	（mg）	3.7	0.9	24
鋅	（mg）	3.0	0.7	23
維他命A	（ug）	233	75	32
維他命D	（ug）	1.8	0.9	50
維他命E	（mg）	2.2	0.5	23
維他命K	（ug）	22	7	32
維他命B_1	（mg）	0.37	0.03	8
維他命B_2	（mg）	0.40	0.22	55
菸鹼酸	（mg）	4	0.1	3
維他命B_6	（mg）	0.37	0.04	11
維他命B_{12}	（ug）	0.8	0.5	63
葉酸	（ug）	80	22	28
泛酸	（mg）	1.7	0.7	44
維他命C	（mg）	33	0	0
膽固醇	（mg）	200未滿	210	105
食物纖維	（g）	6以上	0	0
食鹽	（g）	2.5未滿	0.2	8

＊以日本人飲食攝取基準2010年版，30～49歲女性1/3日的一餐份計算

Q46

雞蛋的膽固醇令人擔憂。是不是限制攝取個數會比較好呢？

從結論來說，吃雞蛋的時候血液中的膽固醇濃度會不會上升，因人而異。可以想成健康的人一日吃2個雞蛋血液中的膽固醇濃度也不會上升。

“雞蛋是會讓血液中膽固醇濃度上升的壞東西”這樣的誤解，是來自於1913年俄羅斯病理學者所發表的報告開始延伸。讓兔子吃雞蛋，血液中的膽固醇濃度會上升，大動脈所附著的膽固醇會引起動脈硬化，所以將膽固醇視為動脈硬化的原因提出發表。但是現在發現，這是來自於草食性動物的研究結果並不適用於雜食性動物的人身上所招致的誤解。草食性動物會將所需份量的膽固醇在自體內合成，並不需要從食物當中攝取。

雞蛋與血液中膽固醇的關係，至今有許多研究。在海外的研究中則是，一日中攝取6個雞蛋血液中的膽固醇值有升高的反應等，但是也有一日當中攝取7個雞蛋，血液當中的膽固醇值並無改變的結果報告出現。日本的研究中則是，讓成年人在5日間每日攝取5個、7個或者10個雞蛋，取血液當中的膽固醇總值結果並無顯著變化，以及將一週間只吃0～2個雞蛋與吃7～24個雞蛋的人在八年間進行追蹤調查，結果顯示總膽固醇的數値並無太大差異，每日吃3個蛋黃連續吃2週發現，低密度脂蛋白的LDL膽固醇雖然升高35%，但是高密度脂蛋白的HDL膽固醇也上升了44%，等實驗結果。此外以10萬日本人為對象所進行的大規模流行病學調查(IPHC、厚生勞動省）顯示，推翻了幾乎每天吃雞蛋的人與不吃的人心肌梗塞的病發風險有異的結果。

綜觀以上各種報告結果可得知，目前在常識範圍之內雞蛋並不會造成血液中膽固醇濃度上升。不僅如此，更可將雞蛋視為優質蛋白質的供給源，是一種包含了各種豐富營養素的食物，對高齡者而言基本上一日攝取個數無須限制的指導，也正在推行中。

Q47

大豆被稱為“田地中的肉品”的理由是什麼？

對於不吃肉類那個時代的日本人來說，大豆是與海產類相提並論貴重的蛋白質來源。水煮大豆每100g當中含有16.0g的蛋白質。除去花生（25.4g）等一部份的種實類，其含量在植物性食品當中算是非常出衆，可與動物性食品中的魚肉（各20g前後），雞蛋（12.3g）相提並論。此外大豆蛋白質含有在植物性食品當中非常稀少的必需氨基酸（Q11）非常平均的分布著，在體内被利用率極高，品質非常好。因為這些原因所以才會被稱為“田地中的肉品”吧。

大豆中除了蛋白質以外，也含有鈣質、鐵質、鋅等礦物質，以及以維他命B_1為首的維他命B群，食物纖維等含量豐富，而代表大豆特有機能的成分也不少，這些成分都會在名稱前冠上「大豆」兩字。

例如大豆蛋白質具有與膽汁酸強力結合的性質，膽汁酸排泄至體外時有降低血液中膽固醇濃度的作用。大豆蛋白質在消化的過程中產生的大豆胜肽（Soy protein）也被認定具有降低膽固醇的作用。已被特定保健食品（トクホ）利用。此外，根據報告顯示，構成大豆蛋白質成分之一的β伴大豆球蛋白（Beta-conglycinin）與其他蛋白質相較具有降低體脂肪的作用。因為這個作用，美國食品醫藥品局（FDA）認定「透過一日攝取25g的大豆蛋白質可降低心臟病併發症發病風險」。

另一方面，引起大豆廣受世界注目的理由之一是，大豆異黃酮的功效。大豆異黃酮與女性荷爾蒙（雌激素）化學構造相似，可用於補充停經後女性荷爾蒙不足，減低更年期障礙症狀與預防骨質疏鬆症、預防癌症等作用報告。（於Q48詳述）

● 大豆的機能性成分與其健康效果

成分名	可期之健康效果
大豆蛋白質*	降低血液中膽固醇含量、降低血中中性脂肪、減少體脂肪
大豆胜肽	降低血液中膽固醇含量、預防癌症、抑制血壓上升作用、減少體脂肪、抗氧化、免疫調節。
大豆卵磷脂	改善肝臟機能、提升腦機能、增加HDL膽固醇、減少LDL膽固醇
α 亞麻酸	抗過敏
植物固醇	降低血液中膽固醇
大豆寡醣	比菲德氏菌增生
大豆異黃酮	預防癌症、抗氧化、預防骨質疏鬆症、減緩更年期障礙症狀
食物纖維	整腸作用、預防癌症、脂肪代謝改善
皂苷	抗氧化、預防癌症、抗發炎症、抗病毒、抗血栓
花色素苷（黑豆中亦含）	抗氧化

＊大豆蛋白質除了營養素本身的機能以外，也具有獨特的生物調節機能，在此以機能性成分做記載。

Q48

大豆異黃酮攝取過量是否對人體有害？

豆腐與納豆等大豆食品，不僅是優質的蛋白質，更是日本人普遍缺乏的鈣與鐵質的供給來源，是我們飲食生活中不可欠缺的傳統食品。不僅如此，近年來在國內外的流行病學調查與臨床研究中發現，大豆特有的成分大豆異黃酮，對於減輕更年期障礙症狀與骨質疏鬆症的預防、乳癌預防等有其成效，此外透過降低血液中膽固醇濃度的作用對動脈硬化的預防與心臟病的預防等都有其效果，現今大豆以機能性食品受到世界注目。

大豆異黃酮對於更年期障礙的症狀減輕與骨質疏鬆症的預防等具有其效果的原因是，其化學構造與女性荷爾蒙中的雌激素相仿，在人體中具有女性荷爾蒙般的作用。女性因更年期而荷爾蒙分泌降低，將會帶來更年期障礙的症狀產生，骨質密度遽減造成骨質疏鬆等症狀。不過只需攝取大豆異黃酮便可補足一部份不足的女性荷爾蒙，抑制因更年期所引起的各種症狀。也因此期待大豆異黃酮帶來療效而透過營養品攝取的人持續增加。

● 大豆食品中所含大豆異黃酮的量

食品	1次參考量	(g)	成份量(mg)* 1次	100g中含量
水煮大豆	½杯	65	46.9	72.1
黃豆粉	2大匙	14	37.3	266.2
豆腐	½塊	150	30.5	20.3
凍豆腐	1塊	17	15.0	88.5
豆渣	½杯多	50	5.3	10.5
炸豆皮	1片	30	11.8	39.2
納豆	1盒	50	30.0	73.5
豆漿	1杯	200	49.6	24.8
醬油	1小匙	6	0.1	0.9
味噌	½大匙 (味噌湯1杯份量)	9	4.5	49.7

根據厚生科學研究、食品中所含雌激素相關調查研究(1998)製表。
* 糖苷配基(Aglycone)量。食品中所含大豆異黃酮以直接的型態(與醣結合)則無法被人體吸收。分解成糖苷配基(Aglycone)後始為人體吸收。

在海外的研究中報導中指出，大量攝取大豆異黃酮營養品，在人體中將會提高乳癌發病與再發病的危險性一事，在這樣的情況下，日本食品安全委員會(內閣府)因此頒佈將自營養品中攝取的大豆異黃酮量制訂上限標準。但是如果是從大豆或者納豆中食物攝取則不在此限。

透過食品攝取無須擔心的理由主要有二，其一為自食品中所攝取的大豆異黃酮吸收率較低，另一個則是自食品中所攝取的大豆異黃酮要成為如同女性荷爾蒙般的作用非常弱。

透過食品所攝取的大豆異黃酮，效果和緩也沒有明顯的副作用，很安全。日本人自古以來食用大豆食品，從古自今因而產生有害健康的問題一次也沒發生。大量攝取大豆食品也不會有問題的理由來自日本人悠長的飲食經驗。

Q49

大豆與其他豆類的營養差異為何？

食用各種豆類的習慣在日本人的飲食生活中生根，煮豆這項食品說是日本的傳統食品也不為過。

古來便深植日本人飲食生活中的豆類，除了大豆以外，還有大紅豆、菜豆、白腎豆、虎豆等菜豆科，近年來也常出現在日本餐桌上的還有小扁豆與鷹嘴豆等。

在營養成分方面，大豆與其他豆類非常不同。大豆所含的營養素最多的為蛋白質35%、再來是碳水化合物28%、脂肪19%。相對於此，其他豆類最多的成分為碳水化合物，約佔六成、接著才是蛋白質約佔二成，脂肪大概至多也是大豆的1/10而已。也就是說大豆當中的蛋白質與脂肪較多，而其他的豆類則是碳水化合物與蛋白質，也可以說這是差異上特徵。

包含大豆所有豆類的共通點是，富含礦物質(鐵、鎂、鉀、鈣、鋅)，以及以維他命B_1為首的維他命B群，食物纖維與多酚、皂苷等對健康有益的微量元素成分(植物化學成分Phytochemical)。這些成分依照種類不同有所差異，大豆與其他的豆類相較，鉀、鈣、鎂、鐵、維他命B_1的含量特別豐富。

而大豆以外的營養特徵，菜豆科的伙伴們─大紅豆、菜豆、虎豆是食物纖維豐富的豆類；鷹嘴豆則是葉酸(維他命B群之一)、維他命B_6，與維他命E含量較豐但鐵質較低的豆類；小扁豆可以說是鐵質與鋅含量豐富的豆類。此外，常見於和菓子中的小紅豆則是鐵質與食物纖維豐富的豆類。

豆類中富含日本人普遍較缺乏的礦物質與食物纖維。因具有依種類不同成分各異的特徵，所以在攝取時請注意不要偏食單一豆類，各種豆類都均衡為佳。

● 豆類的營養成分(乾貨100g中)

		大豆	大紅豆、菜豆、白腎豆、虎豆	鷹嘴豆	小扁豆	小紅豆
熱量	(kcal)	417	333	374	353	339
蛋白質	(g)	35	20	20	23	20
脂肪	(g)	19	2	5	1	2
碳水化合物	(g)	28	58	62	61	59
鉀	(mg)	1900	1500	1200	1000	1500
鈣質	(mg)	240	130	100	58	75
鎂	(mg)	220	150	140	100	120
鐵	(mg)	9.4	6.0	2.6	9.4	5.4
鋅	(mg)	3.2	2.5	3.2	5.1	2.3
維他命E	(mg)	1.8	0.1	2.5	0.8	0.1
維他命B_1	(mg)	0.8	0.5	0.4	0.6	0.5
維他命B_2	(mg)	0.3	0.2	0.2	0.2	0.2
維他命B_6	(mg)	0.5	0.4	0.6	0.5	0.4
葉酸	(ug)	230	85	350	59	130
食物纖維	(g)	17.1	19.3	16.3	17.1	17.8

Q50

豆漿可以取代牛奶嗎？

豆漿與牛奶在外觀上看起來都是一樣白色的飲料，但是兩者卻是不同的食品。營養成分上也差異非常大。豆漿以大豆水煮後搾取而成，也就是所謂大豆的果汁，含有大豆營養素的植物性食品。而牛奶是由牛血變化而來的，含有小牛成長所需之所有營養素的動物性食品。牛奶與豆漿的可期之健康效果，因人而異有所不同，所以豆漿可以取代牛奶某些人適用，某些則否。

豆漿與牛奶所含的熱量（卡洛里）與碳水化合物、脂肪等幾乎差不多。不僅如此兩者都是在人體可以被高效率利用的優質蛋白質，所以氨基酸可以說是一百分滿分。此外、碳水化合物的主要成分本來就含有具整腸的功效的寡醣。而兩者最大的差異在於，脂肪中所含的成分。牛奶中的飽和脂肪酸含有較高的膽固醇，而豆漿不含，而且能降低血液中膽固醇含量的不飽和脂肪酸含量較高是兩者的差異特徵。

在礦物質與維他命方面，牛奶有造骨元素的鈣質、對皮膚黏膜健康有益的維他命A與維他命B_2，富含產生熱量時不可缺少的泛酸含量也很豐富。而在豆漿方面富含預防貧血的鐵質與葉酸，且具有抑制活性氧的維他命E含量也很充足。

健康效果的功效方面，豆漿中含有與女性荷爾蒙功效相似的雌激素。而牛奶含有促進鈣質吸收的酪蛋白磷酸肽（Casein Phosphopeptides, CPP）與增加鐵質吸收與提高免疫力的乳鐵蛋白。

如上述，牛奶與豆漿中富含與不足的營養素有互補的關係，所以想營養均衡攝取的話，不偏頗哪一方均衡飲用效果可期。如果有特別需要的營養成分，再配合選擇牛奶或是豆漿飲用。

● 牛奶與豆漿的營養成分（100g中含量）

		普通牛奶	加工豆漿
熱量	（kcal）	67	64
蛋白質	（g）	3.3	3.2
脂肪	（g）	3.8	3.6
膽固醇	（mg）	12	0
主要脂肪酸種類		飽和脂肪酸	多元不飽和脂肪酸
碳水化合物	（g）	4.8	4.8
主成分		乳醣（寡醣）	大豆寡醣
食物纖維	（g）	0.0	0.3
鉀	（mg）	150	170
鈣質	（mg）	110	31
鐵	（mg）	0.02	1.20
維他命A	（ug）	38	0
維他命D	（ug）	0.3	0.0
維他命E	（mg）	0.1	2.2
維他命B_2	（mg）	0.15	0.02
維他命B_{12}	（ug）	0.3	0.0
葉酸	（ug）	5	31
泛酸	（mg）	0.6	0.2
機能性成分		CPP，乳鐵蛋白等	雌激素、大豆異黃酮等

Q51

喜歡麵包與麵類製品，幾乎不吃米飯。營養上有什麼差異嗎？

麵包、麵類、與米飯（米）的主要成分不論何者均為碳水化合物，其他雖然含量不高但也具有各種營養素。從麵包、麵類與米飯的營養特徵上來看，基本上幾乎所有的麵包與麵類比起米飯脂肪與蛋白質含量較高，而維他命、礦物質、食物纖維、食鹽的含量也有較高的傾向。如果僅是單純做比較，比起米飯的確是麵包與麵類營養稍微高一點。

但是雖說如此，麵包、麵類、米飯這些碳水化合物來源的食物，在膳食整體營養平衡中，仍具有左右整體營養的關聯。就膳食整理營養方面著眼的話，比起麵類與麵包，米飯是更能與各式料理搭配，更容易與整體營養調整達到平衡。當然、麵類與麵包只要留心搭配的食物也可以達到整體平衡。

我們來看看麵包、麵類與米飯一餐份的營養含量（次頁圖表），麵類多被作為一餐的主要料理，湯汁當中鹽分較高，以營養面來看，碳水化合物的攝取比較高，相反的蛋白質與脂肪攝取比例變得較低，鹽分的份量高、食物纖維、維他命、礦物質攝取稍嫌不足。將麵條減量蛋白質來源的雞蛋、維他命、礦物質、食物纖維的供給源蔬菜在燙熟後加入，均衡整體營養。

對於麵包乾澀的口感多數有以油脂改善的傾向。例如烤土司抹上奶油或乳瑪琳等，三明治當中也會添加美奶滋與起司等，鹹麵包中多數會加入熱狗等脂肪含量較高的肉類。在這個時候，熱量與脂肪的攝取將會提高。以餐食的傾向論，主菜為肉類、副菜的蔬菜則是沙拉這樣的搭配有與歐美飲食相近的傾向。像這樣的餐食脂肪與蛋白質含量高，相較之下碳水化合物變少，而食物纖維的攝取量也減少了。歐美飲食被視為有脂肪熱量攝取過剩，導致肥胖等生活習慣病方面的問題。

米飯雖然也會被作成飯糰與茶泡飯這樣的單品料理，但是基本上都會與配菜搭配食用，這樣的餐食，為日本特有的餐食，也就是一汁三菜（湯、魚類或肉的主菜、以加熱後的蔬菜或豆類、海藻類、大豆製品等為主的副菜、小配菜等）形式相近。一汁三菜在營養面的特徵、除了熱量攝取量較低以外、碳水化合物、蛋白質、脂肪、維他命、礦物質、食物纖維等可以達到平衡。在食用飯糰等單品時，可與麵類相同，與蛋白質來源的食物以及維他命、礦物質、食物纖維等供給源的食物搭配組合為佳。

● 澱粉類食品的營養成分（依照表中指定份量）

		麵包類		麵類（燙熟後的）			米
		土司（6片切1片）（60g）	餐包（2個）（60g）	烏龍麵 1包（210g）	蕎麥麵 1袋（180g）	義大利麵（1人份）250g	白飯 1碗（110g）
熱量	（kcal）	158	190	221	238	373	185
蛋白質	（g）	6	6	5	9	13	3
脂肪	（g）	3	5	1	2	2	0
碳水化合物	（g）	28	29	45	47	71	41
鈣質	（mg）	17	26	13	16	18	3
鐵	（mg）	0.4	0.4	0.4	1.4	1.5	0.1
維他命A	（ug）	0	1	0	0	0	0
維他命B_1	（mg）	0.04	0.06	0.04	0.09	0.13	0.02
維他命B_2	（mg）	0.02	0.04	0.02	0.04	0.08	0.01
維他命c	（mg）	0	0	0	0	0	0
食物纖維	（g）	1.4	1.2	1.7	3.6	3.8	0.3
食鹽	（g）	0.8	0.7	0.6	0.0	1.0	0.0

Q52

牛奶被稱為優質營養品的理由是？

牛奶在眾多食物當中與雞蛋齊名，被稱為“完全營養品”，含有豐富營養。1杯牛奶(200ml)中含有：蛋白質、脂肪、鉀、維他命A、維他命D、維他命B_2與維他命B_{12}與泛酸(維他命B群之一)，為30～49 歲女性一日推薦量(厚生勞動省制訂之飲食攝取標準)的10～25%，而鈣質約為高達推薦量34%之多。

牛奶優質的地方不僅在於含有多數的營養素。成分質地優良也不可忽視。牛奶中的蛋白質之必需氨基酸的平衡極好，在人體內的被利用率非常高。不僅如此鈣質的吸收率也比魚類或者蔬菜還高為其特徵。其吸收率高的原因在於，牛奶的蛋白質在消化過程中所產生的酪蛋白磷酸肽(Casein Phosphopeptides, CPP)與乳醣的作用。也就是說CPP不僅可以促使牛奶中的鈣質吸收率，也可以促進其他食物中所含鈣質的吸收率。

許多有益健康的成分也含量豐富。在蛋白質消化過程中所生成的肽對於血壓有抑制上升的效果，已列入特定保健用品(トクホ)。此外、牛奶中微甜的味道來自於乳醣，有一部份未消化的會直接進入大腸，變成腸內細菌的養分具有促進善玉菌增生的作用，其結果可改善腸內環境、提高免疫力以及預防並改善便秘等。此外乳鐵蛋白這種牛奶中特有的蛋白質，對於鐵質的吸收促進以及提升免疫力具有其功效，近年來也發現對於C型肝炎病菌(HCV)感染有預防的作用而受到注目。

● 牛奶中的營養成分與健康效果

成分名		含有量(200ml中) 普通牛奶	 低脂牛奶	可期健康效果
蛋白質		6.6g	7.6g	增進並維持健康，促進成長、增強活力、增強免疫力等
脂肪		7.6g	2.0g	熱量補給、促進脂溶性維他命吸收
礦物質	鈣質	220mg	260mg	預防骨質疏鬆症、抑制血壓上升、預防動脈硬化
	鉀	300mg	380mg	幫助代謝鈉
	鋅	0.8mg	0.8mg	促進新陳代謝、感染症預防、皮膚與黏膜的健康與維持，預防味覺、嗅覺異常
維他命	維他命B_2	0.30mg	0.36mg	促進熱量代謝、促進成長、皮膚・黏膜的健康・維持、口內炎・口角炎的預防與改善
	維他命B_{12}	0.6ug	0.8ug	預防並改善貧血、預防動脈硬化
	泛酸	1.1mg	1.0mg	促進熱量代謝、皮膚與黏膜的健康與維持
	維他命A	76ug	26ug	皮膚與黏膜的健康與維持、暗處視力的維持、增強免疫力
	維他命D	0.6ug	微量	促進鈣質吸收
機能性成分	髓磷脂	抑制血壓上升(ACE抑制肽)、促進鈣質吸收(酪蛋白磷酸肽)、降低血液中膽固醇(降低血中膽固醇肽)、神經興奮抑制(內啡肽Opioid peptide)		
	性蛋白(MBP)	促進骨骼形成		
	乳醣	比菲德氏菌增生、促進鈣質吸收		
	乳鐵蛋白	促進鐵質吸收、增強免疫力、C型肝炎預防		

另一方面牛奶中的膽固醇每100g中含有12mg，此含量應無擔心必要。健康的人體從食物中所攝取的膽固醇，會在肝臟裡合成進行調整，讓血清當中的膽固醇保持一定的濃度。對牛奶一日攝取600ml的血中膽固醇濃度進行調查時，發現在開始2～3週膽固醇值有若干上升，但之後變減少回到一般的數值。

而市售的牛乳製品中有降低脂肪含量的低脂牛乳。低脂牛乳的脂肪含量為一般牛乳的一半(100ml中約為6mg)，而其中的脂溶性維他命的量也變的很少，維他命A的含量為一般牛乳的1/3左右，維他命K、維他命E、維他命D則是幾乎不含。

● 一餐飲食與牛奶200ml 所含營養成分的比例表

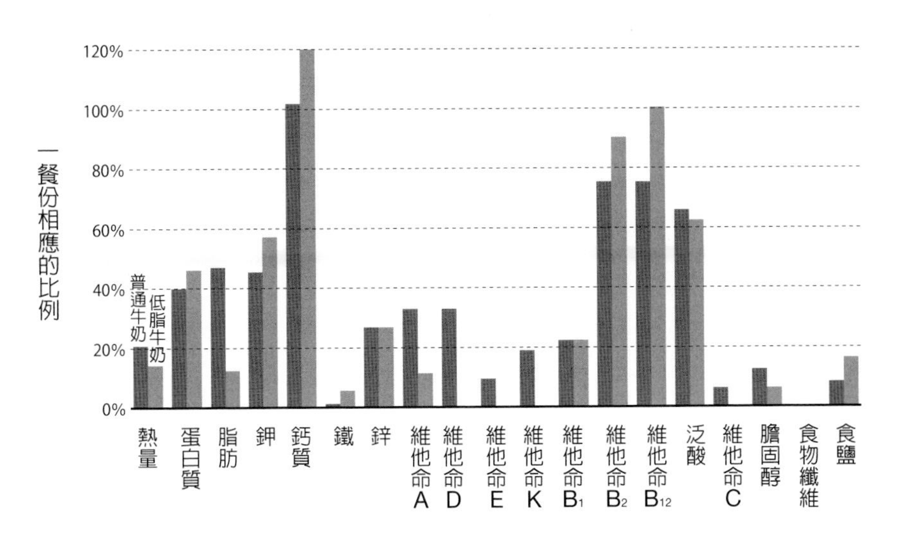

Q53

是不是一喝了牛奶，肚子便會咕嚕咕嚕呢？

也有一喝牛奶腸胃便不適應的人。這是因為牛奶中所含乳醣分解成分的乳醣分解酵素（乳醣酶）在腸内太少的緣故，因此功能不全，無法分解乳醣。一喝牛奶肚子便產生漲氣或者咕嚕咕嚕作響、腹瀉等症狀稱為乳醣不耐症。

牛奶與母乳中微甜的味道是乳醣的甜味。乳醣為二倍的醣分子結合而成，為了將此轉化成熱量利用，必需先將2個醣分解，2個醣在分解之後必需被小腸吸收。乳醣的分解需要乳醣分解酵素，而母乳當中所含的乳醣要比牛奶高，所以我們在嬰兒時期每個人的小腸中都有許多的乳醣分解酵素，離乳時期以後酵素的作用開始低下，到了成人時期聽說最高可降低到1/6以下。乳醣分解酵素的作用減低後，小腸無法分解的乳醣將會抵達大腸，透過腸内細菌進行分解。此刻會產生碳酸瓦斯或者使得乳醣所在之處的大腸積水，所以會引起腹部的膨脹感與腹瀉。

已知乳醣不耐症為遺傳性的體質。以民族分，自古以牛奶為飲食生活中心的游牧民族或經營畜牧業的北歐、西歐人所持的乳醣分解酵素含量最高，具有遺傳性乳醣不耐症的人約只有一成多左右。可想成是僅有具備此種將乳醣分解後變成熱量能力的人得以生存。另一方面、據說在地中海沿岸、非洲、東南亞的人有九成以上具有遺傳性的乳醣不耐症。但是並不是所有人都會有明顯的症狀。日本人中有乳醣不耐症的人約有二成多，這是因為在學校的營養午餐等增加喝牛奶的機會，增強對乳醣的抵抗力之故。

乳醣不耐諸症狀的產生，是因為有乳醣不耐症的人攝取了超過自身乳醣分解酵素能力以上的乳醣，所以如果是乳醣含量低的乳製品便不會引起症狀。優格是牛奶加入乳酸菌發酵而成，發酵過程中有二～三成的乳醣會被分解，所以比牛奶所含的乳醣含量要低。此外，起司在製造過程中去除乳醣，以乳酸菌的作用將乳醣分解，所以幾乎不含乳醣。也因此在食用優格與起司時肚子會咕嚕咕嚕的人幾乎很少。

最後，喝牛奶時腹部會咕嚕咕嚕的人中，也有不是因為乳醣酵素過少，而是因為牛奶的溫度所產生的物理性刺激而引起腹瀉等。如果是這樣的人可以加熱後再飲用。

Q54

不喜歡乳製品。有什麼其他的方法可以攝取鈣質呢？

鈣質自腸道不易吸收，所以攝取的量並無法全量在體內有效活用。依照日本針對食品別鈣質吸收率的調查研究中顯示，牛奶約40%，小魚約為33%、蔬菜約為19%。另一方面在美國的研究中指出，豆腐等大豆食品具有與乳製品幾乎相近的吸收率。

鈣質經由腸道被吸收的機制有二。其一為從十二指腸到小腸上部在維他命D的助長下積極吸收鈣質的機制(能動輸送)。另一個則是，從小腸下部起單純的將鈣質濃度較高的部分擴散到濃度較低的部分吸收的機制(單純擴散)，鈣質攝取量低的話，幾乎都是透過能動輸送吸收，攝取充足的份量時，除了能動吸收以外還透過單純擴散吸收。在以白老鼠為對象的實驗中顯示，透過單純擴散吸收的鈣質攝取量越多，幾乎都是成直線狀的吸收增加。也就是說對於乳製品如果不習慣的人，只要在其他的食品當中攝取足夠的量，也可以讓身體充分吸收。

乳製品以外的食品當中，鈣質含有量豐富且吸收率高的為大豆食品。特別是納豆、納豆中的聚肽氨酸(PGA, γ-Polyglutamic Acid)(產生黏性的物質)，具有提高鈣質吸收率的作用。

而其他還有埃及國王菜、小松菜、水煮鯖魚罐頭、西太公魚等亦為鈣質供給源中具有價值的食物。而這些食品的鈣質吸收率，雖不及牛奶與大豆高，但是與大豆食品或者醋、梅干等具有酸味的食品組合後，可增加吸收率。

此外，醋與梅干與小魚或者蔬菜搭配不僅可以促進鈣質吸收率，與帶骨的小魚或者肉類一起燉煮更可以將骨頭中的鈣質溶出。也就是說，魚類

● 富含鈣質的食品

	食品	1次的參考份量	(g)	鈣質含量(mg) 一次份	100g中含量
乳製品	低脂牛奶	1杯	200	260	130
	普通牛奶	1杯	200	220	110
	優格(全脂・脫脂)	1小杯包裝	100	120	120
	加工起司(processed cheese)	1薄片	20	126	630
	霜淇淋	1小個	100	130	130
大豆製品	木棉豆腐	½塊	150	180	120
	油豆腐	½塊	110	264	240
	凍豆腐	1塊	17	112	660
	炸豆皮	1塊	30	90	300
	豆腐包	直徑8cm1片	100	270	270
海產類	西太公魚	5小尾	40	180	450
	沙丁魚乾	2中尾	30	171	570
	水煮鯖魚罐頭	½罐	70	182	260
	魩仔魚乾	3湯匙	14	29	210
	香魚(養殖)	1尾(20cm)	60	150	250
	花魚乾	½條(30cm)	90	144	160
蔬菜	埃及國王菜	汆燙1小碗	70	182	260
	白蘿蔔葉	帶梗5～6片	60	156	260
	水菜	汆燙1小碗	70	147	210
	小松菜	汆燙1小碗	70	119	170
	油菜花(日本種)	汆燙1小碗	70	112	160
其他	芝麻	1湯匙	9	108	1200
	櫻花蝦乾	2 湯匙	5	100	2000
	乾燥鹿尾菜	煮鹿尾菜1人份	10	140	1400
	杏仁果	17顆	20	46	230
	蒟蒻絲	⅓包	70	53	75

或肉類骨頭中的鈣質也可以當作一部份的鈣質來源進行利用。此外，以壓力鍋煮魚、可以將魚煮成鯖魚或鮭魚、沙丁魚罐頭一般連骨頭都可以煮軟食用的程度，而這部分便會使鈣質含量增加。

芝麻或者綠海苔中也富含鈣質，如果有芝麻的話可以加入白飯或者水煮青菜中，也可以做成芝麻拌醬等。如果有綠海苔可以加入味噌湯或者其他湯品中；做成煎蛋、加入醋味涼拌中，花點心思在各種料理中少量添加增加攝取機會。在容易產生鈣質攝取不足問題的日本膳食中，除了選擇鈣質含量高的食物以外，也要留意積極的以各種形式確實的攝取。

Q55

鮮奶油與奶油等為何熱量很高呢？是不是營養很豐富？

現擠的牛奶直接放置片刻後，上方會浮現乳霜狀的乳脂肪層。這就是鮮奶油。將這部分熟成、透過激烈攪拌讓乳脂肪凝結濃縮後便是奶油。也就是說，將牛奶中的脂肪與水分一同取出後而成的鮮奶油，進一步只取脂肪的便是奶油。脂肪本身的熱量(卡洛里)為1g中含有9kcal，比起碳水化合物或蛋白質(兩者皆為4kcal)還要高，鮮奶油會比牛奶的脂肪含量高，而奶油會比鮮奶油更高。此外、5L的生乳中可以獲得奶油的量約為100g左右。

我們把植物油的熱量比較看看，植物油中為100%的脂肪不含水分，鮮奶油或者奶油中含有水分，(鮮奶油約為50%，奶油約為16%)也因此含水部份熱量會比植物油低。鮮奶油約為植物油的一半(100g中為433kcal)奶油則為八成左右(745kcal)。

就營養面來說，鮮奶油與奶油繼承了牛奶的營養素，所以含有鈣質。此外脂溶性的維他命A、維他命E、維他命K以及膽固醇會比牛奶含量還要高。這些營養素溶入脂肪中而存在，所以透過取出脂肪製成的鮮奶油與奶油含量會比牛奶高。此外奶油的黃顏色是因為牛隻吃草、草中所含的黃顏色脂溶性色素β胡蘿蔔素直接溶於脂肪當中濃縮而成。另一方面鮮奶油與奶油的水分較少，所以水溶性的鉀與維他命B群、維他命C會比牛奶少。

● 鮮奶油、奶油類的營養成分(100g中含量)

		鮮奶油類		油脂類		
		鮮奶油	植物性鮮奶油	奶油(有鹽)	乳瑪琳	起酥油
熱量	(kcal)	433	392	745	758	921
蛋白質	(g)	2	7	1	0	0
脂肪	(g)	45	39	81	82	100
鉀	(mg)	80	71	28	27	0
鈣質	(mg)	60	33	15	14	0
維他命A	(ug)	390	4	510	24	0
維他命E	(mg)	0.8	0.0	1.5	15.1	9.5
維他命K	(ug)	14	2	17	53	6
膽固醇	(mg)	120	5	210	5	4
食鹽	(g)	0.1	0.6	1.9	1.2	0.0

與鮮奶油及奶油有類似功能的食品中，有使用植物油做成的植物性脂肪產品，例如植物奶油、乳瑪琳、起酥油等。外觀看起來相同，但在營養素方面卻完全不同。

植物性脂肪製成的奶油，與使用乳脂肪製成的鮮奶油相較，脂肪含量較低、熱量也較低，而脂溶性維他命與膽固醇含量幾乎為零。相對的降低血液中膽固醇濃度的油酸等單元不飽和脂肪酸含量豐富。

植物油固形後的乳瑪琳或者起酥油中含有比奶油含量要高的維他命E，維他命A的方面，如果沒有特別添加，基本上則是沒有。此外除了膽固醇含量低以外，單元不飽和脂肪酸與被稱為必需脂肪酸的多元不飽和脂肪酸含量較高，也含有被稱為反式脂肪這種不存在於自然界中的脂肪酸。反式脂肪在近年被發現會使低密度脂蛋白（LDL）膽固醇上升，提高心肌梗塞等發病的風險，被視為需要警戒的成分，日本以外的世界各國開始制訂使用限制。也因此使得降低反式脂肪含量的乳瑪琳與起酥油在日本問世。

Q56

優格為何被稱為是有益健康的食品呢？

優格為牛奶添加乳酸菌發酵後的發酵乳。是保有牛奶養份的高營養價值食品。保加利亞因多食用乳酸菌含量高的優格使得長壽人口比例高，此事讓優格被視為具有牛奶以上健康效果因而受注目。近年來有許多與乳酸菌健康效果相關之研究，瞭解了優格的各種功效。

在乳酸菌的諸多健康效果中最廣為人知的便是乳酸菌與醋酸等製造

出的脂肪酸使得腸內產生抑制有害菌類繁殖的效果、以及促使腸道蠕動作用。此外乳酸菌所製造出來的抗菌物質對於其他細菌繁殖有抑制作用這點已被證實。具有類似此般功能的優格製品已被厚生勞動省許可，是可以使用強調「具有整腸效果」上市的特定保健用食品（トクホ）。

也有乳酸菌具有提高免疫力的報告，在癌症預防方面也有可期效果。此作用是因為乳酸菌具有活化免疫細胞作用衍生而來。不僅如此，以嬰兒為對象的異位性皮膚炎等過敏患者，所進行的乳酸菌作用調查研究顯示，特定的乳酸菌對於異位性皮膚炎的病發具有抑制的可能性。

而乳酸菌與發炎物質、膽汁酸、膽固醇具有容易結合的特性，所以對於癌症預防與降低血中膽固醇濃度有可期的效果。

● 優格之機能性成分與健康效果

成分名	可期之健康效果
乳酸菌	善玉菌增生、抗菌、增強免疫力、抗過敏（異位性皮膚炎預防與改善）癌症預防、降低血中膽固醇
肽	抑制血壓上升（ACE抑制肽）、促進鈣質吸收（酪蛋白磷酸肽）、降低血液中膽固醇（將低血中膽固醇肽）、神經興奮抑制（內啡肽Opioid peptide）
髓磷脂鹼性蛋白（MBP）	促進骨骼形成
乳醣	比菲德氏菌增生、促進鈣質吸收
乳鐵蛋白	促進鐵質吸收、增強免疫力、C型肝炎預防

Q57

乳酸菌與比菲德氏菌是不同的菌嗎？

比菲德氏菌是乳酸菌的一種

乳酸菌這個名稱，並不是單指學術上的一種菌。而是所有以葡萄糖與乳醣作為營養源產生乳酸菌種的統稱。

依照乳酸菌的形狀論，可分為三大類，圓桶形的稱為乳酸桿菌，球狀的稱之為乳酸球菌，而Y形與棒狀的稱之為比菲德氏菌。而其中，乳酸桿菌以及乳酸球菌的繁殖與氧的有無並無關連，但比菲德氏菌無法在有氧的環境下繁殖。此外、乳酸桿菌與乳酸球菌僅會產生乳酸，而比菲德氏菌除了乳酸以外還會產生醋酸。因為這些比菲德氏菌與其他二種菌的差異，所以雖然它也是乳酸菌的一員，卻常被獨立命名為“比菲德氏菌”。不過從健康層面著眼比菲德氏菌與其他二種菌所生成的有機酸顯示的效用並無太大差異，所以這3種菌也常被統稱為善玉菌。

比菲德氏菌怕氧

乳酸桿菌與乳酸球菌自古以來便為優格、醃漬物、味噌等發酵食品中廣泛被利用，但是比菲德氏菌以前卻沒有被利用在食品上。這是因為比菲德氏菌在含氧的環境中無法繁殖。不過伴隨著時代進步在技術開發下，現在比菲德氏菌在含氧量低的環境中也有了繁殖的可能，也因此添加了比菲德氏菌的優格等製品得以量產問世。添加了比菲德氏菌的優格依此性質，如果攪拌將會使得空氣中的氧混入導致比菲德氏菌加速死亡(未經混合直接取食的程度則不在此限)。

此外，食品中的乳酸菌，除去一部份的種類，一進入胃部與強酸的胃酸接觸後，幾乎都會死去。而且乳酸菌怕熱，加入咖哩等料理中，加熱超過60℃以上毫無疑問的也會死去。但是從健康面來看，乳酸菌不論存活與是否達大腸，效果並無太大的差異。理由是因為乳酸菌存亡與否，對於它所具有的防癌與降低血中膽固醇濃度的作用並無不同，即便是死掉的乳酸菌在腸內也可以成為腸內善玉菌的養分促進繁殖。

此外、乳酸菌具有高度的抗低溫與抗乾燥的能力，在零下192℃下仍能存活，所以優格以家用冷凍庫(-20℃)冷凍保存也不會導致乳酸菌死去。

Q58

乳酸菌是不是只能從優格中攝取呢？

乳酸菌不僅存在於優格與起司等乳製品當中，在醃漬物當中也有。所謂的醃漬物並非指單純只有蔬菜與鹽分的醃漬物，而是在保存過程中透過乳酸菌繁殖發酵後，帶有酸味的醃漬物。與醃漬物的發酵有關的乳酸菌稱為植物性乳酸菌。與乳製品中的動物性乳酸菌相較，可以在更嚴苛的環境下生存繁殖，也因此對抗胃酸的能力也較高，在存活的狀態下抵達腸道的可能性據說也比較高。

蔬菜發酵漬物中最具代表性的便是韓國漬物的韓國泡菜。針對韓國泡菜中含有的乳酸菌數量進行調查，發現1ml的醃漬滷汁中尚未發酵的時候乳酸菌數為1500萬個，發酵進行後有6～8億個乳酸菌。另一方面優格所含有的乳酸菌數依照製品不同，但參考優格成分規格(乳與乳製品之成分規格相關法令）得知，至少1ml的優格中含有1000萬個以上乳酸菌。將韓國泡菜的醃漬滷汁與優格所含乳酸菌個數相較，會讓人有不如單純的從韓國泡菜中攝取乳酸菌的誤判，不過至少可以確認的是，韓國泡菜當中含有不輸優格的乳酸菌含量。

除了韓國泡菜以外，米糠漬物、醃漬野澤菜、榨菜、酸黃瓜、德國酸菜（高麗菜發酵醃漬而成）...等也含有乳酸菌。不過市面上也有未經乳酸菌發酵，僅以添加酸味而成的製品，這類產品並不含乳酸菌。醃漬物以外的還有味噌、醬油以及將香腸乾燥熟成後的乾燥腸類，鮒壽司等都含有乳酸菌。

Q59

是不是只要吃了蔬菜，
就不一定必需攝取水果了呢？

蔬菜與水果的營養成分完全不同，蔬菜無法替代水果。當然相反的也是一樣。

近年來在國內外進行的流行病學調查中發現，同時攝取蔬菜與水果對於健康的維持與增進非常有幫助。例如水果的攝取量越高，心臟病與大腸息肉的發病風險可以降低，特別是柑橘類對於心臟病發病風險的降低，還有溫州橘的黃色色素對於肺癌風險的降低與酒精性肝障礙的預防有益。此外預防骨質密度降低方面，特別是在青春期發育階段的水果攝取非常重要。綜觀這些結果，在均衡飲食指南中(厚生勞動省農林水產省製成)，特別將水果獨立出來與蔬菜視為不同科目，推薦一日攝取量為100g。

根據近年國民健康與營養調查顯示，日本人一日水果攝取量高過100g，從水果中攝取的維他命C約為三成，食物纖維則在一成前後。除去一部份的水果，水果不如蔬菜中富含各式種類的維他命與礦物質，但是也是重要的維他命C與鉀、食物纖維的攝取來源。

從營養面上論蔬菜之所以無法取代水果的理由有三，其一是水果所含的總食物纖維中的水溶性食物纖維含量比例高。近年來發現水溶性食物纖維對於血糖值與血液中膽固醇值上升有抑制效果，對於生活習慣病的預防有非常大的功效。第二個理由是，水果中有與蔬菜不同的抗氧化物質。抗氧化物質在體內需各種種類相互提攜方能使人體全體中的活性氧無害化。

第三個理由是水果中富含蔬菜中稀少的有機酸（檸檬酸、酒石酸、蘋果酸等）。檸檬酸對於促進熱量代謝作用與恢復疲勞有幫助。

● 富含β胡蘿蔔素的水果

食品	一次參考份量	（g）	β胡蘿蔔素含量（ug） 一次份	100g中含量
西瓜	1/12個	550	4565	830
哈密瓜（紅肉）	中⅛個	100	3600	3600
溫州橘	中1個	80	880	1100
琵琶	中2個	64	518	810
芒果	小½個	75	458	610
柿子	中½個	80	336	420
木瓜	⅛個	50	240	480

● 富含維他命C的水果

食品	一次參考份量	（g）	維他命C含量（mg） 一次份	100g中含量
柿子	中½個	80	56	70
奇異果	中1個	80	55	69
西瓜	1/12個	550	55	10
草莓	中5個	73	45	62
金柑	5個	88	43	49
夏橙	中1個	100	40	40
夏柑	½個	100	38	38

● 富含水溶性食物纖維的水果

食品	一次參考份量	(g)	水溶性食物纖維含量(g) 一次份	100g中含量
金柑	5個	88	2.0	2.3
酪梨	中½個	80	1.4	1.7
西洋梨	中½個	90	0.6	0.7
無花果	大1個	80	0.6	0.7
奇異果	中1個	80	0.6	0.7
西瓜	1/12個	550	0.6	0.1
桃子	大½個	80	0.5	0.6

● 富含鉀的水果

食品	一次參考份量	(g)	鉀含量(mg) 一次份	100g中含量
西瓜	1/12個	550	660	120
酪梨	中½個	80	576	720
香蕉	中1根	100	360	360
哈密瓜	中 個	100	350	350
奇異果	中1個	80	232	290
伊予柑	大½個	90	171	190
美國櫻桃	大5粒	60	156	260

Q60

水果的顏色具有何種健康效果呢？

● 水果所含色素之性質與健康效果

水果的顏色	色素的種類			代表性水果
黃色～橙黃色	類胡蘿蔔素系	胡蘿蔔素類	α胡蘿蔔素	柑橘類
			β胡蘿蔔素	杏、芒果、琵琶、木瓜
			γ胡蘿蔔素	柑橘類、杏
紅色			蕃茄紅素	柿子、西瓜、葡萄柚（紅肉）
橙色		葉黃素類（Xanthophyl）	玉米黃質	柿子、柑橘類、奇異果（黃肉種）水蜜桃
			β隱黃素（β-cryptoxanthin）	橘子、柑橘類、柿子、木瓜、琵琶
綠色	異戊二烯系（Isoprenoid）	葉綠素（Chlorophyll）		奇異果、哈密瓜
紅色～紫色～藍色	類黃酮（Flavonoid）	花青素苷（Anthocyanin）	天竺葵素（Pelargonidin）	草莓
			矢車菊色素配質（Cyanidin）	櫻桃、桃子、李子、紅葡萄皮、藍莓、桑椹、蘋果、無花果
			翠雀花素（Delphinidin）	醋栗、葡萄、石榴
白色～淡黃色		二氫黃酮（flavanone）	橙皮苷（Hesperidin）	溫州橘、苦橙、檸檬、臍橙
			柚皮苷（Naringin）	夏橙的皮、葡萄柚的皮
		黃酮類（Flavones）	野漆樹苷（Rhoifolin）	苦橙
		黃酮醇（Flavonol）	槲皮素（Quercetin）	蘋果
			楊梅苷（Myricitrin）	楊梅

性質	可期健康效果
脂溶性 α、β、γ 胡蘿蔔素與 β 隱黃素為維他命A前趨物質與葉綠素一同存在時較不顯目 不容易被高溫破壞、酸鹼不易造成影響	抗氧化、癌症預防、動脈硬化預防、抗過敏(α、β 胡蘿蔔素)、老年黃斑部病變症預防(玉米黃質)、預防骨質疏鬆症(β 隱黃素)、皮膚黏膜的健康與維持、暗處視力維持(所有維他命A前趨物質：α、β、γ 胡蘿蔔素與 β 隱黃素)
脂溶性 酸性為黃褐色、鹼性為鮮豔的綠色與亞鐵離子(Ferrous ion)或亞銅離子(Copper ion)結合保持綠色	抗氧化、除臭、消臭、抗過敏作用
水溶性 酸性呈紅色、鹼性呈紫色～藍色 在高溫時色素會呈現固定狀態	抗氧化、防癌、暗處視力維持、血流改善
水溶性 存在於柑橘系白色纖維絲中 微酸性為無色、鹼性為黃色 含顯示苦味與澀味的成分	抗氧化、防癌、預防動脈硬化、預防心臟病與腦中風、抗過敏、抗發炎

黃色、橙黃色、紅色—類胡蘿蔔素

杏、芒果、橘子、柿子、西瓜等，黃色～橙黃色、紅色的水果，含有類胡蘿蔔素系的色素。胡蘿蔔系色素有α胡蘿蔔素、β胡蘿蔔素、β隱黃素(β-cryptoxanthin)、玉米黃質(Zeaxanthin)、蕃茄紅素(Lycopene)等。

類胡蘿蔔系色素因具有強力的抗氧化作用而廣為人知，透過抑制活性氧的作用達到預防癌症，動脈硬化的預防與抑制，也有延緩老化等的可期健康效果。

綠色—葉綠素

奇異果與哈密瓜等果肉為黃綠色的水果，含有綠色色素的葉綠素與黃色色素的胡蘿蔔素二類。含有葉綠色的水果一定也會含有胡蘿蔔素，例如橘子等含有胡蘿蔔素的水果。沒有例外的，在成熟時呈現綠色。這是因為胡蘿蔔素含量少另一方面葉綠素的含量高，所以葉綠素的顏色於前面顯色。也就是說，綠色的水果除了具有葉綠色的抗氧化效果之外，還具有胡蘿蔔素類的健康效果。

紅色～紫色～藍色－花色素苷

紅色葡萄的果皮與草莓的紅色色素，以及藍莓與桑椹的藍色色素為花色素苷。花色素苷是屬於多酚一員中的黃酮類系色素，與白色～淡黃色有關的黃酮類色素不同，呈現紅、紫、藍等鮮豔的顏色。

花色素苷為多酚的一員，所以具有抗氧化作用。近年來有關花色素苷與健康關係的研究以各種角度進行，雖然還無法得到信賴度高的數據，但是在透過抗氧化功能所衍生的各種生活習慣病預防方面，有可期的健康效果。此外根據報告指出，在眼睛視網膜光線明暗調整物質（視網膜色素（Rhodopsin）之氧化抑制方面，攝取3～4小時後，有助於在暗處視力恢復，對於血流改善有促進作用等。

白色～淡黃色─黃酮類化合物系色素

橘子或者葡萄柚等的白色纖維部分，含有黃酮類化合物系色素。黃酮類化合物系色素酸性呈現透明，鹼性則為黃色。柑橘類白色纖維的苦味是黃酮類化合物系色素的味道，此色素含量越高味道越苦。

黃酮類化合物系色素為多酚的一員具有抗氧化作用，所以可視為對於抑制活性氧所造成的傷害與癌症預防、動脈硬化預防等有其效果。實際上根據多數的流行病學調查報告、黃酮類化合物系色素對於心臟病、腦中風等循環類器官顯示有預防功效。此外、在動物實驗上則有抗過敏與抗發炎的結果報告出現。

Q61

橘子的白色纖維吃比較好？不吃比較好？

橘子的內膜與白色纖維部分、因為渣渣的口感與帶有苦味，所以很多人不吃，因為含有對健康有益的成分，所以還是吃下比較好吧。

橘子的內膜與白色纖維含有苦味成分的橙皮苷（Hesperidin）。橙皮苷為黃酮類化合物系色素，因具有強力的抗氧化作用，所以對於癌症與動脈硬化預防有可期之健康效果(Q60)。此外在動物與細胞實驗中顯示，具有降低血中以及肝臟膽固醇的作用，並有抑制骨量減少作用，而且具有抑制發炎所引起的組織胺分泌功能，進而對於花粉症與異位性皮膚炎等過敏症狀有減緩效果。此外，攝取橙皮苷(Hesperidin)有助於血管擴張增加血流量，可使體溫至指尖升溫等報告。

橙皮苷在果肉(果粒)中含量較少，內膜的含量約為果肉的2倍，白色的纖維有7倍以上，而皮內側的內果皮部分高達9倍之多。這些果肉以外的部分由於富含食物纖維，連同內膜與白色纖維食用，可比僅食用果肉時獲得高於2倍以上的食物纖維與橙皮苷。

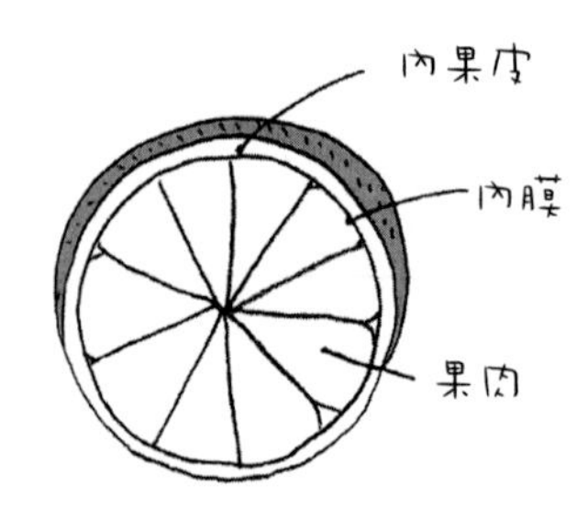

Q62

酸味的水果是不是維他命C含量比較豐富？

若提到酸味水果的代表就一定非檸檬莫屬。由於維他命C是在檸檬中被發現的，所以就讓人有了酸味水果含有大量維他命C的聯想，不過實際上並不是這樣。

的確維他命C含量高時會顯示強烈的酸味，但是與水果本身所含維他命C份量相較，並不會呈現如此強烈的酸味。其證據就在1個份的檸檬果汁（45g）與綠花椰菜1小朵（20g）的維他命含量幾乎相同，但是綠花椰菜幾乎不會讓人感到酸味。檸檬的強烈酸味，是來自於大量含有檸檬酸這種有機酸。

● 富含檸檬酸的水果（100g中含量）

水果	酸含有率	檸檬酸比例	維他命C含量
檸檬果汁	6～7%	100%弱	50mg
溫州橘	0.8～1.2%	90%	33mg
瓦倫西亞橙	0.7～1.2%	90%	40mg
葡萄柚	1%左右	90%	36mg
鳳梨	0.6～1.0%	85%	27mg
草莓	1%左右	70%以上	62mg
夏橙	1.5～2.0%	60%以上	38mg
梅子	4～5%	40～80%	6mg

水果當中多少都含有有機酸的成分，除去比例較高的檸檬約為(6～7%)，梅子(4～5%)以外，大概在0.3～2%左右。有機酸的種類有很多，何者含量比例較高依照水果種類各有差異。

檸檬酸含量比例高的水果，檸檬(100%弱)溫州橘、瓦倫西亞橙(Valencia Orange)、葡萄柚(各為90%)，鳳梨(85%)、草莓(70%)...等。而蘋果酸含量高的水果例如李子(100%弱)、日本種梨子(90%)、黃桃(75%以上)、蘋果(70～90%)等。檸檬酸與蘋果酸以外，也有其他在水果中的有機酸，葡萄中有酒石酸(40～60%)與蘋果酸，奇異果中也含有許多奎尼酸(Quinic acid)(36%)與檸檬酸。

檸檬酸廣為人知的功能有促進熱量代謝進而有益於恢復疲勞。但對於其他有機酸的健康效果似乎不太為人所知。

Q63

越甜的水果是不是熱量越高？

水果甜味的來源，主要是葡萄糖、果糖、蔗糖等糖。一般來說，水果尚未成熟時澱粉含量較高，在繁殖發育與熟成的過程中因為酵素的作用澱粉被分解，澱粉減少相對的糖分增加。許多葡萄糖的分子結合後會變成澱粉，所以糖與澱粉均視為碳水化合物，在人體內1g會產生4kcal的熱量。也就是說甜味變強單純只是澱粉轉化成糖，所以熱量(卡洛里)並不會改變。

近年來市場上甜度高的水果受歡迎，所以依照消費者的喜好不斷進行品種改良之下，雖然上市販售的水果甜度變高，但是熱量與30年前相較

● 熱量高的水果

食物	一次參考份量	（g）	熱量（kcal）一次份	100g中含量
酪梨	中½個	80	150	187
香蕉	中1根	100	86	86
金柑	5個	88	62	71
蘋果	中½個	100	54	54
鳳梨	1/10個	100	51	51
葡萄	巨峰7粒	84	50	59
西洋梨	中½個	90	49	54
芒果	小½個	75	48	64
柿子	中½個	80	48	60
無花果	大1個	80	43	54
日本種梨子	中½個	100	43	43

幾乎沒有改變。水果不僅水分含量高，脂肪與蛋白質的含量低，理所當然熱量會比肉類、魚類要低，與蔬菜也沒有太大的差異。許多流行病學調查進行至今，報告中指出幾乎不吃肉類，以蔬果為飲食中心的人肥胖的比例非常低。

另一方面，甜味水果會讓血糖容易升高，因為在意此點而不吃水果的人也有，但是如果只是一般的份量，幾乎無須擔心，這樣的結論在許多研究中都有顯示。所謂血糖值是指葡萄糖在血液中的量，攝取葡萄糖會使得血糖上升，但是水果的甜味來自於果糖，果糖並不會直接使得血糖值上升。除此之外，白桃、加州油桃、蘋果、葡萄、溫州橘中所含的果糖含量比葡萄糖含量高。

不過水果與其他食品相同，請不要忘記攝取過量依舊還是有引起肥胖的可能。

Q64

堅果似乎很容易使人發胖。在營養方面有什麼特徵呢？

種實類（種子）包括：杏仁果、夏威夷果、榛果、腰果、開心果、核桃、松子、花生等。種實類由於熱量高，過度攝取會導致肥胖，但是在歐美以改善高血壓為主的"得舒飲食（DASH飲食）"中，制訂了一定的堅果攝取量。種實類在攝取時花點心思與時間，的確是種改善與預防生活習慣病有益的食物。

不論是何種種實類營養成分均非常相似，脂肪約佔五～八成之多，蛋白質與碳水化合物約在二成左右。而碳水化合物當中約佔一半為食物纖維。

以100g進行比較，種實類的蛋白質含有量比雞蛋與大豆還高，食物纖維方面則有比牛蒡還高的傾向。此外，整體來說，鎂、鐵、鋅、鉀等礦物質、維他命B群與維他命E含量豐富。此外，在近年來的研究報告中顯示發現，在堅果中也含有抗氧化效果極佳的白藜蘆醇（Resveratrol）等多酚類，有益健康的成分陸續被發現。

種實類由於脂肪含量高，所以會有高熱量（卡洛里）的印象，但是在以美國為中心實行的各項流行病學與臨床研究中顯示，攝取種實類可以抑制體重增加。這應該是因為蛋白質、脂肪、食物纖維均非常豐富的種實類，比起麵包等澱粉類更容易飽足，就結果論反而抑制了其他食物的攝取量。在動物實驗中，發現種實類的食物纖維豐富，脂肪中約有接近二成與糞便一同排泄掉。

此外、種實類的脂肪為植物性所以不含膽固醇，不僅如此並有報告顯示，堅果中富含降低低密度脂蛋白膽固醇(LDL)濃度效果的油酸(單元不飽和脂肪酸)。

現在讓我們瞭解一下，在我們身邊幾種常見種實類的營養特徵。杏仁果中含有鎂、維他命E、維他命B2、食物纖維的量則是種實類之冠，而其

● 種實類的營養成分(表中指定量)

		堅果種類(烤過)				
		花生 15粒 (12g)	杏仁果 10粒 (12g)	核桃 4粒 (12g)	腰果 8粒 (12g)	雞蛋* 1個 (50g)
熱量	(kcal)	70	73	81	69	76
蛋白質	(g)	3	2.3	1.8	2.4	6.2
脂肪	(g)	5.9	6.4	8.3	5.7	5.2
碳水化合物	(g)	2.4	2.7	1.4	3.2	0.2
鉀	(mg)	92	89	65	71	65
鈣質	(mg)	6	25	10	5	26
鎂	(mg)	24	32	18	29	6
鐵	(mg)	0.2	0.3	0.3	0.6	0.9
鋅	(mg)	0.4	0.5	0.3	0.6	0.7
維他命E	(mg)	1.3	3.5	0.1	0.1	0.5
維他命B_1	(mg)	0.03	0.01	0.03	0.06	0.03
維他命B_2	(mg)	0.01	0.13	0.02	0.02	0.22
維他命B_6	(mg)	0.06	0.01	0.06	0.04	0.04
泛酸	(mg)	0.26	0.07	0.08	0.16	0.73
食物纖維	(g)	0.9	1.4	0.9	0.8	0

* 為比較成分故將雞蛋列於表內對照

中更以維他命E與維他命B_2的含量最為突出。鎂以促進熱量產生的效果廣為人知，近年來在糖尿病預防方面也飽受注目。

花生則富含鉀、維他命B_1、與維他命E，而泛酸(維他命B群之一)的含量極豐富為其特徵。泛酸為熱量產生時不可或缺的必要物質，是對皮膚黏膜的健康與維持有益的維他命B群之一，近年來也因具有促進肝臟脂肪與體脂肪代謝功效而受到注目。

腰果中含有豐富的鎂、鐵、鋅、維他命B_1、泛酸。而開心果當中含有鉀、與維他命B_6的含量是所有堅果之冠，並且含有其他種實類中並不常見的β胡蘿蔔素，維他命B_6也被稱之為“皮膚的維他命”，對皮膚黏膜健康與維持有益。

也有以脂肪酸組成為特徵的種實類。榛果中的泛酸含量非常高，其含量比例為82%，比橄欖油中的(77%)還高。此外腰果中的α亞麻酸含量比亞麻仁油與紫蘇油中還要高。

以長壽著稱的沖繩，將花生做成涼拌與花生豆腐等，以花生取代芝麻頻繁的在餐飲中出現。此外，中華料理中也有腰果炒雞丁等這樣的料理。如此將堅果與料理結合，僅是這樣的程度絕對沒有攝取過量的疑慮。此外，在熱量容易被消耗的白天以堅果取代甜食也是一個方法。而適當的攝取份量因人而異，但若以美國相關研究的結果作參考，杏仁果與花生一天當中攝取參考份量約20g左右(杏仁果約17粒、花生約25粒)，可以此結果參考斟酌攝取。

Q65

芝麻被稱為營養食品，當中含有什麼營養素呢？

芝麻含有各種有益維持與增進健康的營養成分。而其中在近年備受矚目的是芝麻木質酚(Sesame lignin)（多酚的一種）這種抗氧化物質。天麩羅專賣店中常使用芝麻油混合其他食用油的原因是，利用芝麻木質酚的抗氧化作用，抑制炸油氧化使其不易變質。目前芝麻木質酚具有抗氧化作用已被證實，透過抑制活性氧機能減緩老化，在癌症預防方面也有可期的效果。

此外、含量約佔芝麻中脂肪酸接近四成的油酸，具有降低血中膽固醇濃度效果，所以推論與芝麻木質酚的抗氧化效果搭配在對於預防動脈硬化上也有助益。其他方面，芝麻含有鈣質、鎂、鐵、鋅…等礦物質，而維他命E、維他命B群與食物纖維等也含量豐富。

芝麻即便少量每日持續攝取對於健康亦有幫助。使用在燙青菜或金平炒，撒在白飯上，參考份量大約一日10g(1大匙）左右。

此外，芝麻加熱後會讓芝麻木質酚中的芝麻林酚素(Sesamolin）分解，轉化成抗氧化效果更強的芝麻酚(Sesamol)。芝麻酚加熱溫度越高產生的量越多，所以將芝麻深度焙炒增強抗氧化效果，加熱後破壞一部份的芝麻種皮可幫助吸收。或者將焙炒過的芝麻以菜刀切碎或以研磨缽磨碎，破壞種皮讓其中營養素更容易被吸收。

此外，依照種皮可將芝麻分為黑、白、黃芝麻等，營養素幾乎無異。

● 芝麻的機能性成分與健康效果

	成分名	性質	可期健康效果
食物纖維	不溶性食物纖維	不溶性吸水後膨脹	整腸、預防並改善便秘、致癌物質排泄
芝麻木質酚	芝麻素	脂溶性多酚	抗氧化、降低血中膽固醇、抑制LDL膽固醇氧化、增強免疫力、促進酒精分解、抑制血壓上升
	芝麻林酚素	脂溶性多酚透過加熱轉化成更強抗氧物質芝麻酚 在胃中轉化成芝麻酚或芝麻素酚(Sesaminol)被吸收	抑制LDL膽固醇氧化
	芝麻酚素	水溶性多酚	抑制LDL膽固醇氧化

● 芝麻的營養成分與健康效果

成分名		健康效果
蛋白質		維持與增進健康、促進成長、增強體力、增強免疫能力等
脂肪		降低血液中膽固醇
礦物質	鐵	預防與改善貧血、手腳冰冷
	鈣	預防與改善骨質疏鬆症、抑制血壓上升、預防動脈硬化
	鎂	預防骨質疏鬆症、維持心臟與血管機能等、促進熱量代謝
維他命	維他命B_1	促進碳水化合物的熱量代謝(疲勞恢復)、皮膚黏膜健康維持、神經機能維持(精神安定)
	維他命B_2	促進熱量代謝、促進成長、皮膚黏膜健康維持、預防並改善口內炎、口角炎

Q66

水有營養嗎？

水是非常好的食物，因為不是營養素所以很容易被忽視。不過、在飲食平衡指南中(厚生勞動省、農林水產省製成）則提到水為人體的主要成分之一，將水列為需要確實攝取的食物之一。人如果不進食至少還能生存數週，但是如果沒有喝水僅能存活數日。水分的補充不足將無法維持健康，已知體重10%左右的水分一旦流失人會陷入重症狀態，15%則會失去意識。

在人體內為了維持生命與活動會不斷的產生各種化學反應。而水則為此些反應的媒介。不僅如此，負責執行將營養與氧氣運送至身體各角落、從各組織中回收老化廢棄物搬運至體外這些機能的血液中、有八成是水分。如果沒有充分補充水分，血液將會濃縮變得黏稠，此為腦血栓等發生的原因、會引起各種問題發生。

人體一日中所需要的水分攝取量，從體內水分收支平衡思考便不難得知。自身體中排出的水分，會以尿液和汗水等肉眼可見的形式與呼吸、自皮膚等肉眼看不見的形式排泄二種。而其中以尿液排泄的水分最多，健康的人一日尿量約為1～1.5L左右，而尿液當中約有400～450ml為溶解尿素30g(體內蛋白質重複合成與分解後所產生之廢棄物）最低限度所需要的量，稱為強制尿量。強制尿量是為了要將尿素排出體外所需，所以即便不太喝水，健康的身體水份還是會被排泄掉。

緊接在尿液之後份量次多的是汗，一天當中約有550ml被排泄出來。即便是本人並無流汗的感覺時，實際上也有如此份量自皮膚排出。而呼吸的氣息中約有350ml的水分。最後在糞便中約含100～200ml的水分。強制尿量、汗水、呼吸、糞便合計為1600ml的水量，在不知不覺中便從體內排出。

另一方面在水分攝取上，可分為體內熱量生成之際所產生的水分（代謝水）與食物中所含水分二種形式。代謝水約為300ml。而食物當中水分的比例，例如白飯約佔60%，肉類約佔70%，蔬菜相對的含量較高約為90%。近年來根據國民健康與營養調查（厚生勞動省實施）日本人一日攝取食物約為1400g左右，而在這些食物中可以攝取到約700～1000ml的水分。

代謝水與自食物中攝取的水分約為1000～1300ml。排出體外的則是1600ml，這樣的份量顯然不足夠。不僅如此，僅將強制尿量作為排尿基準的話對身體有害，所以必需將排泄尿量提高計算，在天氣熱的時候汗量也會增加，這部分也不能不計算進去。綜觀以上各種條件，一日所需飲水量至少要1500ml以上，並且希望盡可能將份量提高到2000ml以上。

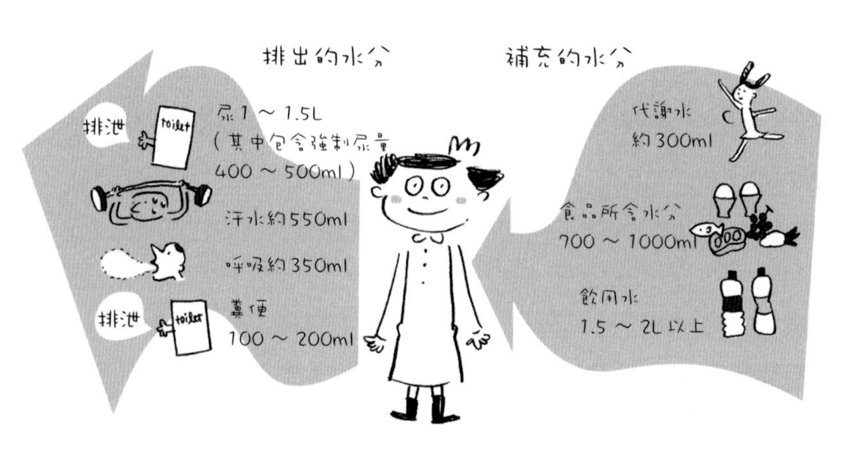

Q67

礦泉水中含有礦物質嗎？

所謂的礦泉水，在食品衛生法中的定義是「僅以水做為原料的飲料」。此外在農林水產省的「礦泉水類品質表示指導方針」則是，未經任何處理礦物質含量少的原水與在水中人工添加礦物質者均可稱為礦泉水。一般只要聽到礦泉水便會讓人有了是礦物質含量高的水的感覺，但是實際上與礦物質含量無關。此外，即便是自來水中都含有礦物質。

礦泉水中的礦物質含量以"硬度"這樣的指標做為參考標準。所謂的硬度則是水中所含鈣質與鎂的合計表示數值，數值高的為硬水、低的為軟水。也就是說：鈣質與鎂含量高的為硬水、少的為軟水。不過，硬水與軟水的區分有各種標準，例如世界衛生組織（WHO）的「飲用水水質基準」中鈣質與鎂的合計量1L中含量在60mg以下的為軟水，60～120mg的為中程度軟水、120～180mg為硬水，180mg以上的則是非常硬水。礦物質含量依照各地區採水各有不同，進口品以硬水居多，日本的礦泉水、自來水、井水則以軟水居多。在泡茶、咖啡使用時軟水會比硬水更容易將食物中所含物質溶出。例如綠茶、紅茶、咖啡等使用軟水可溶出較多成

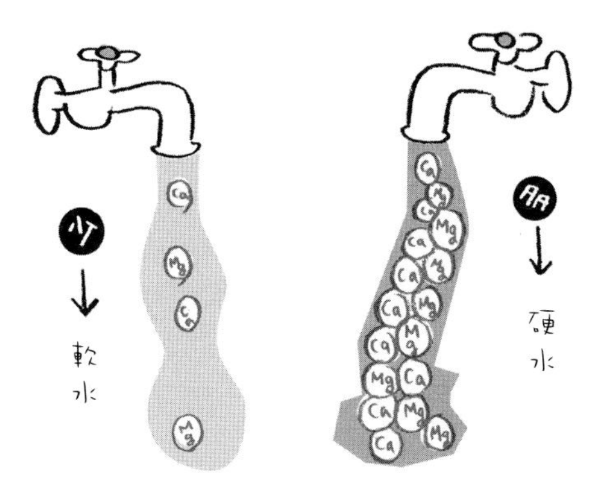

分，香味與顏色也會比較強烈。相同的如果要從昆布、柴魚、肉類中溶出更多鮮味成分使用軟水會比較合適。但是溶出成分越多並不代表茶或料理會更好吃。請依照需要與喜好調整選擇使用為佳。

● 市售礦泉水、自來水、井水的硬度

國	種類	水源	硬度*1(mg/l)	水質 *2
日本	市售	兵庫	67	中程度軟水
		長野	43	軟水
		山梨	32	軟水
		鹿兒島	174	硬水
	自來水	東京	101	中程度軟水
		千葉	78	中程度軟水
	井水	東京	71	中程度軟水
		茨城	52	軟水
海外	市售	法國	649	非常硬水
		法國	297	非常硬水
		義大利	45	軟水
		美國	199	非常硬水
		加拿大	4	軟水
		加拿大	279	非常硬水

以上脇雅代與其他、日本食品工業學會誌39、432-438(1992)為依據製表

＊1 硬度由以下公式求得

硬度(mg/l) ≒鈣質濃度(mg/l)×2.5＋鎂濃度(mg/l)×4.1

＊2 WHO飲用水水質基準(下表)

水質	硬度
軟水	0～60mg/l
中程度軟水	60～120mg/l
硬水	120～180mg/l
非常硬水	180mg/l以上

Q68

飲用蔬菜與水果的果汁
可否替代蔬菜與水果的攝取？

在厚生勞動省的創造健康國民運動中「健康日本21」提到，一日蔬菜推薦攝取量為350g，而其中建議綠黃色蔬菜攝取量為120g以上。根據近年來多數的流行病學調查指出，充分攝取蔬菜與水果對於增進與維持健康非常有幫助。也因此有人為了解決蔬菜與水果的攝取量不足，而飲用市售的蔬菜、水果汁藉以安心。不過喝果汁與吃蔬菜水果不僅在營養成分的攝取量不同，連吃本身這個動作都有它對人體無法取代的影響。也就是說，以市售的果汁並無法取代吃蔬菜或者水果。

市售的果汁原料的確是蔬菜與水果，但是並不是加入完整的原料，在加工過程中會流失一部份。國民生活中心將市面販售的10種蔬菜汁成分進行分析顯示：

① 多數商品中所含 β 胡蘿蔔素含量與綠黃色蔬菜幾乎無異，也有果汁比例高卻幾乎不含 β 胡蘿蔔素的商品。

② 即便是富含食物纖維的商品，所含程度均僅達原料蔬菜的1/3。

③ 維他命與礦物質含量則不達「健康日本21」中黃綠色蔬菜所推薦的攝取量120g，半數以上的商品維他命C與鐵的含量與120g綠黃色蔬菜中可期含量相較在1/3以下。

蔬菜除了營養素以外還有多酚等有益健康，植物特有的微量成分(植生素Phytochemical)。多酚等以苦味或澀味呈現，而我們在喝果汁時幾乎不感到苦或者澀味。這表示市售蔬菜汁的原料蔬菜中不含多酚等成分，果汁也是相同意思。

此外，蔬菜與水果不僅是營養素的供給來源，咀嚼這個動作會提升身體的抵抗力、刺激腦部、這些都是從喝不容易獲得的健康效果。

為了健康，每日充分攝取蔬果是最基本的。市售的果汁僅供攝取不足時補充之用為佳。

● 市售蔬菜汁、現打果汁與蔬菜之營養比較(100g中含量)

		市售品	現打果汁			蔬菜
		100%蔬菜汁(取3知名品牌平均值)	果汁機(胡蘿蔔與菠菜)	榨汁機(同左)		新鮮蔬菜(綠黃色蔬菜)
				果汁	渣	
鉀	(mg)	309	438	346	408	400
鈣質	(mg)	15	27	7	76	57
鎂	(mg)	11	20	17	26	23
鐵	(mg)	0.2	0.3	0.2	0.6	1.5
β胡蘿蔔素	(ug)	2427	4300	2147	8190	–
維他命C	(mg)	4	8	6	8	40
食物纖維	(g)	0.8	1.7	0.3	5.7	2.3
水溶性	(g)	0.4	0.4	0.1	1.1	0.6
不溶性	(g)	0.4	1.3	0.2	4.6	1.7

國民生活中心「蔬菜類飲料等商品檢測結果」(2000)

Q69

所有的茶類都含有維他命C嗎？

● 各種茶中的維他命C含量

	茶的種類	維他命C量(mg)*1	檸檬果汁換算*2
粉末	抹茶	60	3個份少
	昆布茶	0	–
茶葉	玉露	110	5個份少
	煎茶	260	12個份少
	紅茶	0	–
抽取液	玉露	19	1個份少
	煎茶	6	¼個份多
	番茶	3	⅛個份多
	玄米茶	1	–
	日本焙茶	0	–
	紅茶	0	–
	烏龍茶	0	–
	麥茶	0	–

＊1粉末、茶葉：100g中含量、抽取液：100ml中含量

＊2檸檬大1個(150g)的果汁(45ml)的維他命C含量為22.5mg

綠茶的茶葉當中富含維他命C，而其抽取液的煎茶也有維他命C溶入其中。但是紅茶、烏龍茶、日本焙茶等茶葉中卻不含維他命C。

食品成分表中(5版增補)提到，煎茶100ml中所含維他命C為6mg，以茶杯(160ml)一日飲用5杯可攝取50mg的維他命C。這約與2個檸檬的果汁所含維他命C相同份量，約為飲食攝取基準2010年版(厚生勞動省策定)所推薦成人一日攝取量的½。

茶葉當中的維他命C含量以煎茶為最，接著是玉露、然後是番茶。中級煎茶以80℃水溫浸泡3分鐘，第一泡茶可將茶葉中70%的維他命C溶出，第二泡約為剩下的20%左右，第三泡的百分比約為個位數。同一泡茶葉沖泡3次左右可將茶葉中的維他命C將近全數溶出。此外水溫越高越容易溶出，而依茶葉品種、品質、維他命含量差異非常大。

維他命C為水溶性，在體內無法囤積。入口之後經過2～3鐘頭如果不使用則與尿液一同排出。此外，一次大量攝取並無法完全從腸道被吸收。也因此欲維持血中高維他命C濃度，比起一次大量攝取，間隔2～3鐘頭多次攝取會更有效果。一日數次飲用綠茶這個日本的習慣，是比較理想的維他命攝取方式。

Q70

濃茶是不是有降低體脂肪的效果？

綠茶、烏龍茶、紅茶等濃茶中的苦味與澀味是因為富含兒茶素（Catechin）等多酚。兒茶素是具有消耗體脂肪功能之綠茶等飲料而受到矚目的成分。

綠茶葉在半發酵過程中所含兒茶素會聚合生成茶黃素（Theaflavin）與茶紅素（Thearubigins），所以烏龍茶除了含有兒茶素以外還有茶黃素與茶紅素等這些色素成分。而這些色素成分所佔的份量使得烏龍茶比綠茶所含兒茶素含量要低。此外與烏龍茶相同是由綠茶葉所發酵而成的紅茶中也含茶黃素與茶紅素，含量比烏龍茶要高。

實際上，以肥胖者為對象在12週之間每日攝取富含兒茶素的濃度綠茶實驗中顯示，報告結果在體重與體脂肪腰圍均有減少。此外以健康者為對象在用餐時，將富含茶葉發酵所產生特有多酚的烏龍茶與高脂肪食物一同攝取研究顯示，對於餐點中的脂肪有抑制吸收的效果。在海外有以1100餘人為實驗對象的研究顯示，不論是綠茶、紅茶或者烏龍茶，有飲用茶習慣的人要比沒有的人，體脂肪含量要低。綜觀以上結論富含兒茶素等多酚的綠茶或烏龍茶等部分製品，已被厚生勞動省許可使用「適合在意體脂肪問題者」與「抑制脂肪吸收、抑制餐後中性脂肪上升」等功效標示為特定保健用食品（トクホ）。

不過，不論大家對茶能降低體脂肪方面有何種效果的期待，在先前所提到的綠茶研究效果中，也有約七成肥胖者三個月中平均減輕的體重只有0.5kg，無需懷抱過大的期待。

此外，茶葉中的兒茶素等多酚，溫度越高能夠溶出的成分越多。如果是對於多酚的功效有所期待，應該可將綠茶、烏龍茶與紅茶沖泡的比平常更濃一些，讓澀味與苦味變濃。如果是想降低體脂肪與體重，還是從飲食當中控制熱量攝取為主，把濃茶作為輔助利用。

● 各種茶類的多酚含量*與健康效果(mg/g)

茶葉種類		丹寧(Tannin)		兒茶素聚合物	
		兒茶素類	其他	茶黃素類	其他
綠茶	玉露	96	16	–	–
	煎茶	146	20	–	–
	番茶	130	8	–	–
	紅柴	67	31	7	15
	烏龍茶	83	18	1	2
	普洱茶	18	10	–	–
可期健康效果		抗氧化、降低血中中性脂肪、降低血中膽固醇、抑制血壓上升、抑制血糖值上升、防癌、抗過敏、抗血栓、抗菌		抗氧化、抗菌、抑制幽門螺旋菌(Helicobacter pylori)繁殖、抗病毒、抑制血壓上升、防癌	

*將機祝子與其他人、茶葉研究報告59、41-44(1984)

Q71

氨基酸飲料中的氨基酸與從肉類等攝取的氨基酸相同嗎？

從結論而論，氨基酸飲料中的氨基酸，與從肉類等蛋白質食品當中所攝取的氨基酸相同。

肉類等所含蛋白質是由許多1分子單位的氨基酸所組成。我們所攝取的蛋白質經由消化酵素等分解成1分子單位的氨基酸，又或者是少數氨基酸結合成肽由小腸被吸收。相較於此氨基酸飲料中的氨基酸，已經是1分子單位的氨基酸無須經過消化可直接被人體吸收。也就是說肉等所含蛋白質從消化到吸收需要時間，飲料或者營養品中的氨基酸在服用後可以迅速的進入人體。

從飲料或者營養品攝取的氨基酸在身體中所發揮的機能與從肉類等中攝取的完全相同。此外、昆布中所富含的鮮味成分穀胺酸亦為氨基酸的一種，所以昆布高湯也可說是一種氨基酸飲料。而柴魚的鮮味成分是肌苷酸並非氨基酸之一，是生物遺傳或者蛋白質合成之核酸成分(核酸系物質)。

曾經有一段時間，氨基酸飲料因有減肥功效而備受矚目，但食品中所含蛋白質物質與在飲料或營養品中所含脂蛋白質物質相同，1g當中有4kcak的熱量。應是在運動前後攝取氨基酸有助於肌肉增強，其結果使得基礎代謝率上升變成不易發胖的體質。不過，如果不運動僅是攝取氨基酸飲料，體重是不可能會下降的。

Q72

鹽分攝取過量令人擔心。該如何計算鹽分攝取量呢？

在飲食攝取基準2010年版（厚生勞動省策定）提到，以預防高血壓為目的，食鹽一日攝取量男性為低於9.0g，女性則為7.5g以下為限。此數值不僅是指含於鹽、醬油、味噌等調味料中的鹽分，也包含了含於蔬菜、牛肉、魚等食物當中的鈉含量換算成相當食鹽的份量。

食鹽（NaCl）是鈉（Na）與氯（Cl）的結合物質，攝取食鹽等同攝取鈉。但鈉並不僅是食鹽，而是幾乎所有食品中都有的礦物質。市售的加工食品有相當食鹽量的標示，但這不僅是指調味料中食鹽的添加份量。而是調味料中與食品中兩者的鈉含量合計後，以變成食鹽後的重量g形式表示數值。食品中鈉含量換算食鹽量的公式如下。

鈉含量（mg）×2.54÷1000＝相當食鹽量（g）

水果與菇類、米或薯類中幾乎不含鈉。除此以外的食物幾乎都有鈉的成分。食鹽相當量，例如胡蘿蔔、綠花椰菜為100g中含有0.1g，魚則是0.2～0.5，蝦子或花枝為0.4～0.9，肉類的話是0.1～0.2，牛奶每100ml中含有0.1g，雞蛋1個（50g）則為0.2g左右。每一種食品中的含量雖然極少，但一日攝取所有食品的總和量卻是不能忽視的份量。日本人自調味料以外所攝取的鈉含量換算成食鹽之後約為3.5g左右。

國內外多數研究調查中顯示，可以讓血壓上升的食鹽量一日約為3～5g左右。日本高血壓學會推薦一日攝取量則為6g未滿。而開頭寫到飲食攝取基準中男性的9.0g以內與女性的7.5g以下，則是參考海外的食鹽攝取限制目標量（美國為一日6g以內），加上日本人攝取量現狀所設定。

請將我們在一般飲食中，會不知不覺中攝取許多肉眼看不見的食鹽這件事

● 各種一日鹽分攝取量基準

各國之攝取基準	攝取量
飲食攝取基準2010年版(成人男性)	9.0g以下
飲食攝取基準2010年版(成人女性)	7.5g以下
日本高血壓學會指標(JSH2009)	6g以下
WHO/國際高血壓學會指標	6g以下
美國人飲食生活指南(2005)	5.8g以下
美國高血壓合同委員會(第7次報告)	6g以下
義大利飲食攝取基準(基準攝取量)	4.1g

● 各種調味料所含鹽分參考

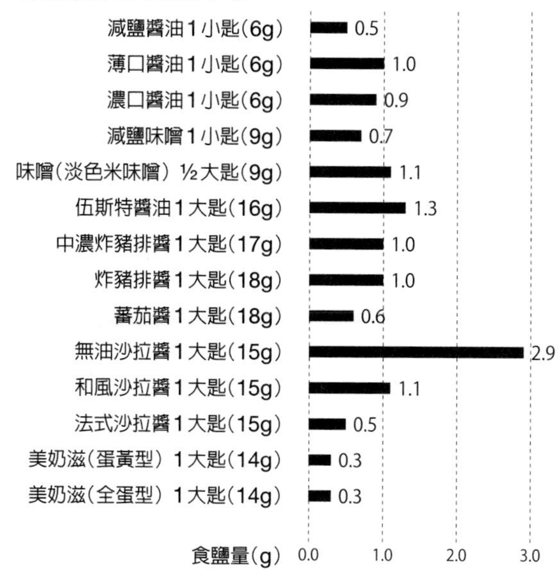

放在心上，參考前頁的調味料含鹽量，將未來的食鹽攝取量控制比以前低是很重要的。但是請不要忘了盲目的減鹽會使得食慾低下，其結果也會導致其他營養素攝取不足。

Q73

橄欖油與麻油在健康面廣受矚目。請教選用食用油時的訣竅。

植物油可分成幾種，如果是橄欖油或麻油這種為了要活用食材本身特徵的油品，幾乎都非精製而是半精製油；而菜籽油或者大豆油、玉米油等

● 脂肪酸的種類與作用

		不飽和脂肪酸	
			多元不飽和脂肪酸（必需脂肪酸）
脂肪酸的種類	飽和脂肪酸	單元不飽和脂肪酸	n-6系
主要脂肪酸	硬脂酸、棕櫚酸	油酸	亞麻油酸
代表性食品	牛脂肪、奶油	橄欖油	植物油
好的作用	強化血管、膽固醇合成、增加HDL膽固醇（棕櫚酸）、降低LDL膽固醇（硬脂酸）	降低LDL膽固醇、預防動脈硬化	抑制腦機能低下、抑制細胞老化 降低血中膽固醇
壞的作用	增加血中脂肪、肥胖、導致動脈硬化		抑制免疫、增加感染、血栓形成、促進致癌、促進動脈硬化、降低HDL膽固醇、LDL膽固醇氧化、促進過敏反應

則是精製過後的油；而再一步除去精製油低溫保存時成為混濁原因的不純物質後，加強精製度的便是沙拉油。

植物油不論何者都為100%脂肪的食品，1g中含有9kcal熱量。營養方面含必需脂肪酸（無法在人體內生成，必需自食物中攝取的脂肪酸），是脂溶性的維他命E、維他命K有價值的供給源。除了麻油以外幾乎不含其他脂肪與維他命以外的營養素。而即使是麻油都僅含微量的鐵（100g中含量約為0.1mg）左右程度的礦物質。近年根據國民健康與營養調查（厚生勞動省實施）顯示，日本人從植物油中攝取營養素的量，熱量與維他命K的程度僅有2～3%左右、維他命E則為10數%與蔬菜相當的比例。

植物油應受關注的地方在於富含油酸（單元不飽和脂肪酸）與必需脂肪酸的亞麻油酸（Linoleic acid，LA）（n-6系多元不飽和脂肪酸）以及α次亞麻油酸（α-Linolenic acid, ALA）等不飽和脂肪酸這件事。油酸顯示

n-3系
α次亞麻油酸、EPA、DHA
亞麻仁油、紫蘇油、魚油
抗血栓、抗心律不整、降低血壓、改善體脂肪異常症、降低血中中性脂肪、降低血中膽固醇、免疫調節、抗發炎、預防支氣管氣喘、防癌、腦神經機能維持、提高記憶力
促進過氧化脂肪生成（維他命E消費增加）、心肌壞死、肝臟障礙

● 各種油脂的脂肪酸組成

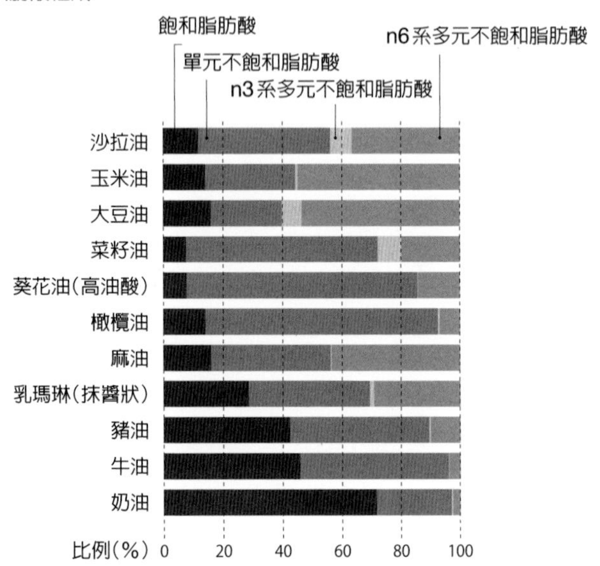

具有可在不影響血液中HDL膽固醇的前提下降低LDL膽固醇濃度，而α次亞麻油酸在體內換轉換成二十二碳六烯酸(Docosahexaenoic Acid，DHA)或者二十碳五烯酸(Eicosapentaenoic acid, EPA)，具有減少血中中性脂肪與抗血栓以及抗心律不整等作用，不論何者均是對生活習慣病的預防有益。此外、亞麻酸在過去被視為有益健康的脂肪酸被利用在動脈硬化的治療與預防等，但現在發現過度攝取會導致對動脈硬化有助益的HDL膽固醇量降低，而引起過敏反應等弊端，已在飲食攝取基準(厚生勞動省策定)中明訂一日攝取上限。

另一方面，也有具有特徵性的油品。橄欖油當中油酸含量特豐，不僅如此還含有β胡蘿蔔素可依體內需求轉化成維他命A。麻油具有強力抗氧化效果的芝麻木質酚(sesame lignin)與芝麻林酚素(Sesamolin)(不論何者均為芝麻木酚素)，對於動脈硬化與癌症等預防有可期效果。不僅如此，芝麻林酚素(Sesamolin)加熱後會轉化成抗氧化效果更強的芝麻酚(Sesamol)。紫蘇油與亞麻仁油脂肪酸中的55%以上，含有對於生活習慣病有預防效果的α次亞麻油酸，所以被視為健康效果高的油品備受矚目。

不過為了健康，應連富含飽和脂肪酸的動物性油脂，平衡攝取各種脂肪酸才是重要的。即使亞麻仁油與紫蘇油中α次亞麻油酸的含量極高，大量攝取也不見得就一定可以獲得期待的效果。脂肪酸的攝取應以飽和脂肪：單元脂肪酸：多元不飽和脂肪酸、3：4：3的比例；油酸：α次亞麻油酸則為4比1的比例為佳。

Q74

砂糖的熱量使人卻步。想知道有關於低卡甜味劑的諸事情。

甜味劑依照種類可分為甜味的強度(甜度)與質量的差異、加熱時不容易產生焦色、用於燉煮甜味容不容易滲透等各種區別。一般來說甜味劑如同次頁圖表所示大致可分為2大類。1類是糖質系甜味劑，甜味的來源物質為蔗糖(砂糖)等。另一類是非糖質系甜味劑，使用人工甜味劑等非糖成分的物質。

糖質系甜味劑是指，砂糖(蔗糖)等一般的糖，或來自澱粉的糖、果糖、糖醇(Sugar alcohol)(存在於草莓或菇類中的木糖醇，或者蘋果或梨子中所含的山梨糖醇SorBitol)等4類。非糖質系甜味劑可分為天然甜味劑與人工甜味劑2種。

● 海藻中成分含量較高之營養素與其健康效果

	種類		甜味質感	甜度	熱量 (kcal/g)	調理性	其他
糖質系甜味劑	蔗糖(砂糖)			100	4	—	—
	澱粉原料糖	葡萄糖	溫和的淡淡甜味	60～70	4	著色溫度比砂糖低	—
		果糖	後韻轉甜	120～150	4	—	血糖影響能力低
		麥芽糖	—	25～35	4	易溶於水，不耐高溫	—
		高果糖漿	清爽不殘留的甜味	70～120	4	加熱容易上色	低溫增加甜度，有誘發水果香味的效果
	果糖	低聚異麥芽糖	溫潤濃郁的甜味	40～50	4	加熱容易上色、耐熱耐酸能力高	比其他寡糖易消化、促進比菲德氏菌繁殖
		低聚半乳糖	沒有明顯特徵的甜味	25～35	2～3	—	對血糖影響低、促進比菲德氏菌繁殖、特定保健用食品(不易蛀牙用產品)
		木寡糖	類似砂糖	30～40	2	耐熱耐酸能力強	對血糖影響低、促進比菲德氏菌繁殖
		果寡糖		30～60	2左右	耐熱不太耐酸	
		乳果寡糖		50～70	2	—	對血糖影響低、促進比菲德氏菌繁殖、特定保健用食品(促進鈣質吸收產品)
		棉子糖		20	2	耐熱耐酸能力強、無吸水性	對血糖影響低、促進比菲德氏菌繁殖、特定保健用食品(腹部環境調整產品)
		海藻糖	溫和不殘留的甜味	45	4	耐熱耐酸能力強、加熱不上色	對血糖影響低、促進比菲德氏菌繁殖、降低過敏作用
	糖醇	山梨糖醇	具有清涼感的甜味	60～70	3	耐熱耐酸能力強、加熱不上色	與葡萄糖相較血糖上升和緩、不易蛀牙指定添加物
		甘露醇		55～70	3	耐熱耐酸能力強、加熱不上色	與葡萄糖相較血糖上升和緩、指定添加物
		還原水飴	爽口溫潤的甜味	10～60	2	耐熱能力強、加熱不易上色	血糖影響能力低

	種類		甜味質感	甜度	熱量 (kcal/g)	調理性	其他
糖質系甜味劑	糖醇	麥芽糖醇	類似砂糖	70～80	2	耐熱、酸、鹼強，加熱不易上色	對血糖幾乎無影響、不易蛀牙、不易消化
		木糖醇	水溶性佳、溶解時吸收溫度、帶有冰涼感的甜味	100	3	耐熱、酸、鹼強，加熱不易上色	對血糖幾乎無影響、不易蛀牙、指定添加物
		赤藓醇		75	0.24	耐酸強，加熱不易上色	對血糖幾乎無影響、不易蛀牙
		巴糖醇	類似砂糖清爽的甜味	45～60	2	耐酸強，加熱不易上色	對血糖幾乎無影響、不易蛀牙
		乳糖醇	無明顯特徵溫潤的甜味	30～40	2	水溶性佳、耐酸性強、加熱不易上色	對血糖幾乎無影響、不易蛀牙，攝取過量導致有便意
非糖質系甜味劑	天然甜味劑	甜菊(含南美產甜菊)	具清涼感的甜味	10～300	4	耐熱、酸強，加熱不易上色、吸水性差	甜度高所以用量減少，實質性低卡洛里
		甘草	—	200	—	—	指定添加物
	人工甜味劑	阿斯巴甜(氨基酸系甜味劑)	類似砂糖	200	4	常溫下不易溶於水、不耐熱、酸性，加熱產生苦味、不加糖不會上色、對於其他食品的甜味滲透速度快	甜度高所以用量減少，實質性低卡洛里、指定添加物
		乙醯磺胺酸鉀	明顯的甜味帶有獨特苦味	200	0	耐熱	與其他甜味料併用、類似砂糖的甜味、不易影響血糖、指定添加物
		三氯蔗糖	類似砂糖	600	0	耐熱、酸能力強、易溶於水與酒精中	不會導致蛀牙、指定添加物

獨立行政法人農畜產業振興機構「砂糖類情報」為基準製作
＊甜度：甜味劑的甜味強度評價

而糖質系甜味劑中低熱量(低卡)的甜味劑有果糖或糖醇，這些糖不易被體內消化酵素分解變成熱量被利用，所以就結果論變成了低熱量。不過所謂的低卡也就是砂糖(1g為4kcal)的½多一些(2～3kcal)。這些糖最顯著的健康面特徵為不易影響血糖值以及對整腸方面有所助益。也因此有一部份的果糖被視為特定保健用食品(トクホ)所利用。但是大量攝取會使得糞便稀軟，或者腹瀉。這是因為此類無法消化直達大腸的甜味劑會使得腸內的滲透壓升高所致。

非糖質系甜味劑中亦有與砂糖相同熱量為4kcal的種類，不管是哪一種甜度都比砂糖高，所以用量可以減少，所以可以控制在較低的熱量為其特徵。非糖質系甜味劑中，被天然類甜味劑所利用的植物包括：甜菊(Stevia rebaudiana)、甘草、羅漢果。甜菊是原產於南美的菊科植物，其葉片中所含的甜菊苷(Stevioside)甜度約為砂糖的300倍。甘草自古以來便是用於中藥藥材之豆科植物，其根莖中所含之甘草甜素(Glycyrrhizin)甜度約為砂糖的200倍。羅漢果所含之甜味成分為單菇糖苷(Monoterpene glucoside)其甜度約為砂糖的400倍，其特徵為無法自腸道被吸收，所以幾乎沒有熱量。

另一方面，最具代表性的人工甜味劑則是阿斯巴甜。阿斯巴甜是在1965年由美國開發製成，是從蛋白質構成物氨基酸的同類天門冬胺酸(Aspartic acid)與苯丙胺酸(Phenylalanine)製造而成。甜度約為砂糖的200倍，與蛋白質相同會被消化吸收，在體內與氨基酸一般效果。

最後、甜味劑的成分中，也有被視為食品添加物的成分。而在食品添加物中的指定[*1]添加物是糖質系甜味劑的山梨糖醇(Sorbitol)、甘露醇(Mannitol)、木糖醇(Xylitol)(均為糖醇類)。非糖質系甜味劑則是含甘草成分中甘草甜素(Glycyrrhizin)(天然甜味劑)與所有人工甜味料。此外天然甜味劑中的甜菊苷與羅漢果則是被指定為既存添加物[*2]。

＊1指定添加物 食品添加物之安全性與有效性經確認後由厚生勞動大臣指定之成分

＊2既存添加物 認定為已經被長年使用之天然添加物

Q75

所謂零卡洛里的食品真的是零卡嗎？

市售食品所記載「低糖」「低卡」「卡洛里OFF」與「零卡」等表示，均以厚生勞動省之營養表示基準為標準標示。而例如「減低甜味」這類標示則是各廠商憑感覺判斷下的說法，無法作為是否低卡的標準，必需確認正確熱量才能肯定。

「零卡」（calorie-zero）「無卡」（no-calorie）
「無熱量」（calorieless）

可以使用「零卡」（calorie-zero）「無卡」（no-calorie）「無熱量」（calorieless）等，語意為不含熱量的字彙，是因為在100g的食品又或者100ml的飲料中熱量不滿5kcal。例如保特瓶500ml的飲料，熱量控制在25kcal以下就可以使用「零卡」表示。

熱量不為零卻可以用「零」標示，是因為將成分檢出時的誤差也計算進去。

「減糖」與「減甜」

可以使用「減糖」「低糖」「糖份降低」「輕量糖份」等語意為糖份含量低的字彙條件是，食品100g當中糖份含量在5g以下，飲料則是100ml中含量低於2.5g的情況。

此外、「減低甜味」「清爽的甜味」「恰到好處的甜味」這種將甜以“味道”作為標示的表示法並無基準，由各廠商獨自判斷後使用。因為此與糖份不同，甜度無法以重量表示的緣故。標有“甜味”的商品，糖份是否比較低，必需從商品的糖份標示進行確認。

「無添加砂糖」「不使用砂糖」

如果在食品加工時並無刻意添加砂糖，便可使用「無添加砂糖」的標示。例如、含有水果乾的甜點在製作過程中，直接使用購入的糖漬水果乾不經自己工廠加工添加砂糖便可說是「無添加砂糖」。此外不使用砂糖，以蜂蜜或果糖、果醬等取代砂糖的甜味，亦可以「無添加砂糖」進行標示。「不使用砂糖」也是同樣的意思。就結果論所謂「無添加砂糖」又或者是「不使用砂糖」的產品，也有許多糖份很高的食品。

「無糖」「sugarless」「sugar free」

可以使用「無糖」標示的食品，是指砂糖、乳糖、果糖等各種糖類在100g的食品當中含量未滿0.5g。而「sugarless」「sugar free」「no sugar」與「無糖」意思相同。但若是將木糖醇或山梨糖醇等作為甜味來源添加時，此類糖為糖醇並非一般糖類也可使用「no sugar」進行標示。木糖醇或山梨糖的熱量雖然比砂糖低，但1g中也含有3kcal左右的熱量。所以「無糖」並不表示沒有熱量。

Q76

喜歡將美奶滋用在各式料理上面。美奶滋有什麼營養成分呢？

美奶滋的基本材料有植物油(約71%)，醋(約13%)，蛋黃(約12%)再添加鹽、胡椒等調味料。原料七成以上為植物油，所以雖然熱量(卡洛里)非常高，但是也富含具有降低血中膽固醇濃度的不飽和脂肪酸、脂溶性維他命E、維他命K等。

此外、來自蛋黃中的鐵與維他命A、維他命B_2等含量較高，相對的也含有膽固醇。不過美奶滋當中的膽固醇因為蛋黃脂肪成分中所含的卵磷脂作用，所以不會導致血中膽固醇值上升，這是可以確認的。此外約佔原料中一成多的醋主要成分為醋酸，有報告指出具有抑制血壓、血糖值、血中膽固醇值上升的效果。

雖如上述美奶滋富含對健康有益的成分，但就算是使用在沙拉等料理上時大致也只有1大匙，份量並不多，所以除了維他命E以外，其他的營養素也無法大量吸收。比起從美奶滋中攝取營養，不如說具有促進搭配食材中所含之營養素。蔬菜中含量豐富的β胡蘿蔔素與維他命E、維他命K等脂溶性維他命，溶入油中在腸道裡被吸收。也就是說不溶於油中基本上無法被吸收。而美奶滋中的油與醋在蛋黃的作用下乳化(變成小顆粒與醋混合)，油脂表面的面積變得非常大。也因此使得脂溶性維他命更容易溶於油中，便可促進維他命被人體吸收。

實際上，綠花椰菜與胡蘿蔔和植物油或美奶滋一同攝取時，血液中的β胡蘿蔔素濃度上升，已被證實比起油脂與美奶滋一同攝取效能更高。

此外，美奶滋為鹽分極低的調味料。雖然鹽分含量低但卻不會感到不足的理由是，原料之一醋的酸味有強化鹽味所致。如果使用美奶滋調味不僅可以減鹽也增添蔬菜風味，可以增加攝取量，也具有促進營養素吸收的效果。

不過不能不注意的是，美奶滋的熱量很高，也因此在熱量消耗較高的早餐或午餐使用，或者拌入優格減低使用量，或原料中減油降低熱量的商品。不過減油製成的美奶滋也就表示維他命E含量降低，促進蔬菜中所含脂溶性維他命的效果也降低。

Q77

不攝取動物性食品的素食者飲食，缺乏的營養素為何？

素食者Vegetarian是指避開動物性食品，以穀物、豆類、堅果、蔬菜、水果等植物性食品為飲食中心的人。Vegetarianu的語源vegetus一詞在拉丁語中帶有「完全的」「健全的」「有生命力的」「活潑的」意思。素食者中有完全不攝取動物性食品的人，亦有攝取乳製品與蛋類的人。缺乏的營養素也依動物性食品的攝取情況而定，但一般來說比較缺乏的會是在動物性食品中含量豐富，但在植物食品中缺乏的營養素，例如維他命B_{12}、維他命D、鐵質、鈣質、膽固醇等。

維他命B_{12}

完全不攝取動物性食物的素食者，最有缺乏之虞的為維他命B_{12}。維他命B_2從腸內細菌中可以合成，但僅是如此並不足夠，必需從動物食品中攝取。維他命B_{12}富含於動物性食物中(肉、海鮮、雞蛋、牛奶等)，而在植物性食品僅有海藻類有微量存在。攝取不足時會導致惡性貧血、精神障礙與神經障礙等，而近年來發現導致動脈硬化與心肌梗塞等成因的血中荷爾蒙濃度也會上升。

維他命D

維他命D富含於魚類與蛋類中，除菇類以外並不存在於植物性食品中。維他命D透過日照後雖也可在體內合成，但依然是素食者容易缺乏的維他命。維他命D有促進鈣質吸收的功能，攝取不足時會引起骨質疏鬆症。

鐵

鐵質在豆類與蔬菜中含量是比較高的，但存在於植物性食物中的鐵是不易被人體吸收的非血紅素鐵質(Non-heme Iron)，吸收率僅有動物性食物中所含血紅素鐵的1～1/10左右。非血紅素鐵質與蔬菜水果中富含之維他命C一同攝取雖可提升吸收率，但提高也僅不到血紅素鐵的數分之一左右的程度。鐵為紅血球的主要構成成分，攝取不足時會引起貧血。

而其他方面，牛奶與乳製品中含量豐富的鈣質、肉類或海鮮中豐富的鋅等礦物質、肉類中很多的蛋白質與膽固醇等也是容易有攝取不足問題的營養素。特別是蛋白質，除了自大豆中攝取的蛋白質以外，自其他植物性食品所攝取的利用率極低，攝取量往往會不如預期。

不攝取動物性食品的素食者需要注意有幾點：

① 攝取多種類食品均衡營養

② 避免熱量(卡洛里)攝取量不足

③ 自大豆食品中攝取足夠蛋白質

④ 自雜穀類與豆類、種實類中攝取鐵與鋅

⑤ 常接受日曬提高體內維他命D合成率……等。

特別是維他命B_{12}，有必要從營養補充品中攝取。此外如果是奶蛋素食者的話，維他命B_{12}、蛋白質、鐵、鋅、鈣質缺乏問題便不需要嚴重擔心。

Q78

有沒有攝取過量需要擔心的食物？

我們吃進口中的時候，選擇以對人體無害的為最基本。例如即便是含有有毒物質的食物，也會經過加工除去毒素。例如木薯粉在製作過程中會除去原料木薯中所含的有毒物質。此外、馬鈴薯則是會去除芽眼與皮藉以除去所含之有毒物質龍葵鹼(Solanine)(PGA)。

這些有毒物質的性質各有不同，也有攝取過量需要留心的食品與成分。

大蒜

大蒜含有顯示強烈氣味的物質，這些物質以具有各種健康效果而廣為人知。但是生食大蒜將會使得大蒜素(Allicin)對胃黏膜產生強烈刺激，成為胃痛與胃潰瘍的原因。此外如果持續食用在大蒜素的作用下，會破壞紅血球中的血紅素(hemoglobin)導致貧血，大蒜素具有強烈的抗菌作用，但相對的對於腸內細菌的繁殖有抑制效果，而其結果將導致自腸內細菌中生成的維他命B群數量不足，會造成口角炎、口內炎、皮膚炎等症狀。

生大蒜攝取量成人一日為1片(約5g)，小孩的話以半量為攝取參考。此外，加熱過後一部份的大蒜素會變成其他物質，便無攝取過量之虞。

銀杏

也有因攝取過量銀杏而導致中毒的案例。因銀杏引起的食物中毒，是因為銀杏中所含物質對於與蛋白質代謝相關的維他命B6有妨礙的作用，導致與維他命B6缺乏症狀類似之痙攣發生。此種食物中毒有七成發生在未滿10歲的孩童身上，5～6粒左右的程度也會引發，所以特別需要注意孩童的攝取量。建議一日攝取量，孩童約數粒左右，成人的話30粒左右的程度也不太需要擔心。

維他命A

維他命A為脂溶性並不溶於水，所以不會經由尿液排泄，容易有攝取過量的問題。而至今曾有因攝取過量鯊魚、堅鱗鱸魚(Striped Jewfish)(石斑魚的一種)、北極熊等肝臟所引起的案例報告。維他命A過剩症的特徵為頭痛，孕婦的話則是畸形兒產生，孩童則是引起骨骼異常等報告。

根據飲食攝取基準(厚生勞動省策定)，為避免維他命A攝取過量症狀發生，制訂出一日維他命A攝取上限(一日為2.7mg)。維他命A富含於雞、豬、牛等動物的肝臟中，還有螢火魷與鰻魚等動物性食物中，而植物性食物的話，則是富含於綠黃色蔬菜裡以β胡蘿蔔素(在體內轉換成維他命A)的形式存在。而其中以胡蘿蔔中所含β胡蘿蔔素含量特別高，大根的約2根(400g)換算成維他命A早已遠超過飲食攝取標準的上限量。也因此有人擔心因吃胡蘿蔔而導致維他命A攝取過量的問題，但是實際上並不需要擔心。因為β胡蘿蔔素僅會將人體缺乏部分轉化成維他命A。實際上並無任何β胡蘿蔔素攝取過剩造成障礙的案例，飲食攝取基準中所設定的維他命A攝取上限並不包含β胡蘿蔔素。

3 有效攝取營養素的飲食搭配訣竅

Q79

請教維他命有效吸收的飲食搭配訣竅

維他命可分為溶於水的（水溶性）與溶於油脂中的（脂溶性）二種，每種在體內被吸收的管道不同。水溶性維他命經由腸道被吸收溶入血液中，而脂溶性維他命或 β 胡蘿蔔素（維他命A前趨物質）基本上則是溶於油脂當中，與脂肪一同從淋巴管中進入血液裡。

維他命B群與維他命C等水溶性維他命搭配攝取這方面的問題可以不需要擔心，但是 β 胡蘿蔔素與維他命E、維他命K、維他命D等不溶入油中，基本上是無法被吸收的，所以搭配油脂攝取很重要。富含於蔬菜等綠黃色蔬菜中的 β 胡蘿蔔素根據實驗證明，與油脂一同攝取時吸收率提升高七倍之多。

同樣份量的油脂，依照油品的狀態在脂溶性維他命吸收率方面有若干不同。例如美奶滋便是油與醋乳化之後的狀態，也就是說油脂變成更小的顆粒與醋混合後的產物。乳化之後的油脂與僅是油相較，表面面積變得非常大，在消化過程中與維他命更容易接觸，結果使得維他命的吸收率增高。鮮奶油或者優格、牛奶當中所含的脂肪成分均為油脂變成小顆粒後的狀態，一同攝取也會讓食物中所含脂溶性維他命吸收率增高。此外麵粉添加奶油拌炒後加入水分將油脂乳化而成的白醬、咖哩醬等，所含油脂顆粒也變小，使用這些與蔬菜一同烹調，也會增進蔬菜中油溶性維他命的吸收率。

不僅維他命，蕃茄紅色素的茄紅素也是脂溶性，與油脂一同攝取亦會使吸收率增高。

Q80

在搭配攝取之下，“非優質蛋白質”會變成“優質蛋白質”嗎？

食物中所含蛋白質當中，可分為優質與非優質的蛋白質。所謂優質與非優質的差異取決於，構成人體蛋白質所需之20種氨基酸中，是否含有在體內無法合成（或無法合成至足夠份量）的9種必需氨基酸。而均衡含有必需氨基酸之蛋白質可被人體有效率利用，稱為優質蛋白質。

● 各式食品中所含氨基酸評價

	優質	
	食物	氨基酸評價
海產類	竹莢魚	100
	沙丁魚	100
	鰹魚	100
	鮭魚	100
	秋刀魚	100
	青鮒魚	100
	本鮪魚	100
	蜆	100
肉類	牛肉(沙朗)	100
	雞肉(雞胸肉)	100
	豬肉(里肌肉)	100
	雞蛋	100
	牛奶	100
	加工起司	100
大豆食品	大豆	100
	豆漿	100

	非優質	
	食物	氨基酸評價
海產類	西太公魚	90
	銀鱈	81
	花蛤	84
	牡蠣	79
	帆立貝	67
	章魚	67
	花枝	71
	明蝦	77
	松葉蟹	84
穀類	精製白米	61
	烏龍麵	39
	土司	42
種實類	杏仁果	47
	花生	58
蔬菜、其他	洋蔥	51
	馬鈴薯	73
	香蕉	64

參考各式食物的氨基酸評價（表示蛋白質體內利用率之指標、前頁附表）後，可知雞蛋的蛋白質為100分滿分，利用率極高。而其他的大豆食品、肉類、魚類等也就是所謂高蛋白質食物中亦有多數為氨基酸評價滿分的食物，也就是優質。相反的香蕉、烏龍麵、米、蔬菜等食品中所含氨基酸評價較低，這些食物的蛋白質在體內不易被利用，也就是所謂非優質。

不過即便是非優質蛋白質食物，搭配攝取也可以成為優質。例如土司的原料中所含稱之為離胺酸（Lysine）的小麥蛋白質，所含必需氨基酸含量較低，為非優質。但是如果早餐僅吃土司與咖啡，土司中所含蛋白質將無法被利用，易招致蛋白質攝取不足。但是如果與富含離胺酸的雞蛋、牛奶、優格、起司一同攝取，小麥蛋白質的利用率將會提升，成為優質的食品。

Q81

請教抑制膽固醇吸收率的攝取搭配訣竅

為避免血中膽固醇濃度上升，富含膽固醇與飽和脂肪酸食物的攝取當然需要控制，抑制膽固醇過量吸收是很重要的。可促進抑制膽固醇吸收透過糞便排泄的成分為植物固醇與食物纖維。

抑制膽固醇吸收的物質為植物固醇

植物固醇為植物細胞的細胞膜成分，富含於豆類與穀類胚芽當中，以此為原料的大豆油、麻油等植物油中含量比較高。肉類等膽固醇中會透過膽汁中的膽汁酸與其他的脂肪一同被乳化後，以溶入小油滴（乳濁液）的形式從腸道被吸收。植物固醇與膽固醇的化學構造非常類似，所以會與膽固

● 膽固醇含量高的食物

膽固醇量（mg）

	食物	一次參考份量	（g）	一回份	100g中含量
點心類	泡芙	1個（直徑約7cm）	90	225	250
	卡式達布丁	1個	100	140	140
雞蛋	蛋黃	1個	15.5	217	1400
	全蛋	1個	50	210	420
海鮮類	鮟鱇魚肝	煮物1人份	40	224	560
	蒲燒鰻魚	1串	80	184	230
	毛鱗魚	2尾	45	131	290
	含卵鰈魚	1片	100	120	120
肉類	雞肝	3片	40	148	370
	豬肝	4小片	40	100	250

＊魷魚、章魚、貝類中所含膽固醇雖高，但因富含硫磺酸故不影響血中膽固醇值上升，故不列於表內。

● 植物固醇含量高的食物

植物固醇量（mg）

	食物	一次參考份量	（g）	一回份	100g中含量
大豆製品、大豆	豆腐（木棉）	½塊	150	87.6	58.4
	納豆	1盒	50	35.3	70.6
	毛豆	18個	30	18.7	62.3
	大正大紅豆	煮豆1人份	26	34.1	131.2
油脂	麻油	½大匙	6	30.5	507.6
	菜籽油	½大匙	6	23.6	393.1
蔬菜	山藥	5cm	50	50.8	101.5
	芋頭	1個	50	29.3	58.5
	牛蒡	粗的部分7cm	22	27.2	123.6
其他	黑芝麻	1大匙	9	12.7	141.3
	酒粕	2大匙	30	26.3	87.7
	巧克力	2片	10	12.2	121.5

茨城縣衛生研究所、公衆衛生情報「食品中植物固醇濃度」2006

● 富含水溶性植物纖維的食物

	食物	一次參考份量	(g)	水溶性植物纖維量(g) 一回份	100g中含量
水果	金柑	5個	88	2.0	2.3
	酪梨	中½個	80	1.4	1.7
蔬菜	明日葉	汆燙後1小碗	70	1.1	1.5
	油菜花(日本種、洋種)	汆燙後1小碗	70	0.5	0.7
	埃及國王菜	汆燙後1小碗	70	0.9	1.3
	秋葵	5根	45	0.6	1.4
	牛蒡	粗的部分7cm	22	0.5	2.3
豆類	豆泥	—	30	1.3	4.3
	納豆	1盒	50	1.1	2.3
穀類	大麥	佔三成比例的麥飯1小碗	15	0.9	6.0
海藻類*	乾燥鹿尾菜	煮鹿尾菜1人份	10	4.3	43.3
	海藻根	1包	54	1.8	3.4
	海帶芽	味噌湯1碗份	2	0.7	35.6
	薯芋昆布	湯品1碗	5	1.4	28.2

*海藻類的水溶性與不溶性個別定量不易，故以食物纖維量進行標示。

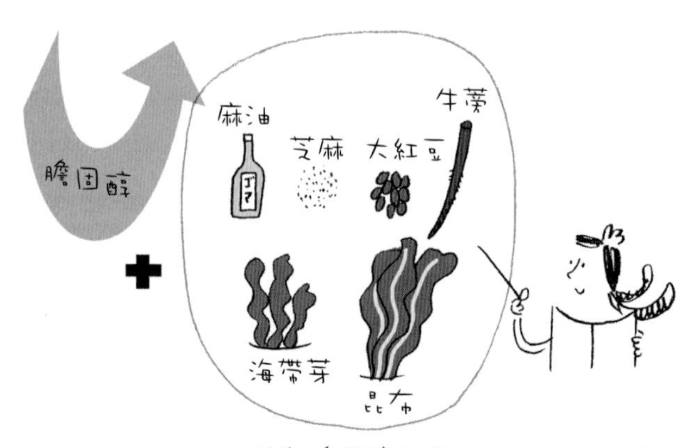

醇一同溶入膽汁酸乳濁液中。兩者在一起，會產生競爭效果，其結果會使得膽汁酸乳濁液中的膽固醇含量降低，所以從腸道中被吸收的膽固醇含量便會減少。此外，植物固醇本來就幾乎不會從人體的腸道被吸收，所以會直接排出體外。透過這樣的機制，肉類等富含膽固醇的食物與麻油、黑芝麻、大紅豆、牛蒡等一起攝取有抑制膽固醇吸收的效果。

具抑制膽固醇吸收效果的食物纖維

根據近年來的研究指出，海藻等中所富含水溶性食物纖維有高度促進膽固醇排泄的效果。水溶性食物纖維溶於水後黏性增加，膽固醇會附著在上面可妨礙其與消化酵素接觸而不被吸收，排泄出體外。此外，水溶性食物纖維不僅對於食物中的膽固醇有影響，更有促進膽汁酸（主成分為膽固醇）分泌的效果，可使體內膽固醇的量減少，其結果使得血液中膽固醇濃度降低。

Q82

請教將碳水化合物有效率轉化成熱量的搭配攝取訣竅

人體熱量轉換源來自於糖、澱粉等碳水化合物，油脂等的脂肪、蛋白質，而其中可以迅速被轉換的是碳水化合物。碳水化合物要被轉化成熱量，不可缺少的是扮演輔酶角色的維他命B_1，維他命B_1不足時則無法順利產生熱量，將會使人感到疲勞或者缺乏精力。富含維他命B_1的食物有豬肉、火腿等豬肉類加工製品，與肝臟、鰻魚等。

維他命B_1為水溶性無法在人體內儲存，數個鐘頭若無被利用則隨著尿液排出。不過維他命B_1與大蒜一同攝取，會與大蒜中所含的氣味成分（大蒜素）結合成大蒜硫胺素（Allithiamine）這種脂溶性的物質，不僅可以促進體內的吸收，吸收後也更容易被儲存。其結果會讓維他命B_1持續無盡的被利用，使碳水化合物迅速的轉化成熱量。此外、已知大蒜硫胺素會對交感神經產生作用，使得稱為去甲腎上腺素（Norepinephrine）這種荷爾蒙的分泌量增加，具有促使熱量代謝的效果產生。

與大蒜相同，同屬蔥科的長蔥、洋蔥、韭菜、蕗蕎都有同樣可期效果。而這些蔬菜中氣味成分的含硫化物，與大蒜中的大蒜素具有同樣的作用。

Q83

請教幫助鈣質吸收的攝取訣竅

鈣質本屬礦物質中非常不易被人體吸收的物質。如果想確實攝取鈣質，需將富含鈣質食物轉化成容易被小腸吸收的形式，再搭配促進小腸吸收功效的食物攝取是非常重要的。

能將鈣質轉化成容易被吸收的成分

鈣質容易從腸道被吸收的型態為鈣質溶解後的狀態，也就是說離子的型態（電離Ionization）。為了要產生電離化，必需與有酸味的食品組合後效果最好。而在酸味的刺激下會提高胃液的分泌，在胃酸的運作下鈣質便會電離化。具有酸味的食品例如富含醋酸的醋、以醋為原料的蕃茄醬，富含檸檬酸的梅干、檸檬等柑橘類，或者富含乳酸的優格等。這也就是為什麼胃不太好的人，或者胃酸分泌較少的人常被說對於鈣質的吸收能力較差的原因，為了確保有效率吸收鈣質，保持胃部健康也是很重要的。

另一方面果糖與食物纖維，對於腸內細菌的繁殖有促進作用，間接的讓腸道有偏向酸性的效果，這些都有助於鈣質電離化，已知有助於促進吸收。富含果糖的食品有洋蔥、香蕉、大豆、黃豆粉、蘆筍等，而富含食物纖維的食物有豆類、納豆、豆渣、牛蒡、海藻類等。現在果糖已有幫助鈣質與鎂吸收的功能被列為特定保健用食品(トクホ)。

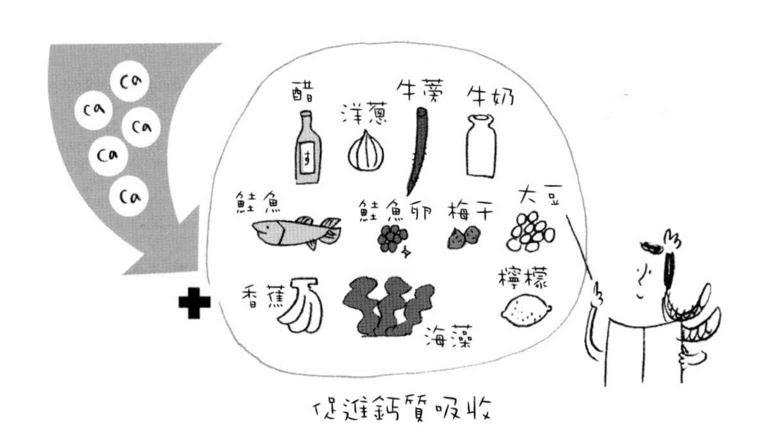

● 與鈣質吸收相關的成分

	成分		代表性食品
變成容易吸收型態的成分	具有酸味的成分 （醋酸檸檬酸等）		調味料：醋、柑橘醋、蕃茄醬、豬排醬、帶有酸味的調味醬/水果：檸檬、醋橘等柑橘類等/其他：梅干、優格、白酒
	增加善玉菌的食物	果糖	蔬菜：洋蔥、蘆筍/水果：香蕉/大豆製品：大豆、黃豆粉、納豆、豆腐、油豆腐、豆漿
		食物纖維	穀類：大麥、雜穀（小米等）蔬菜：牛蒡、埃及國王菜、秋葵、油菜花、南瓜、竹筍、青豆仁/水果：蘋果、水蜜桃、奇異果、酪梨/豆類：大豆、納豆、豌豆、紅豆/海藻類：鹿尾菜、海帶芽、昆布、水雲藻/其他：蒟蒻、豆渣、紅豆泥
促進吸收的成分	酪蛋白磷酸肽（CPP）乳糖		牛奶、優格、起司
	大豆胜肽 大豆低聚糖		大豆、黃豆粉、納豆、豆腐、油豆腐、豆漿
	中的聚肽氨酸（PGA）		納豆
	氨基酸	精胺酸	豐富含於所有魚類中 豐富含於所有肉類中 種實類：花生、腰果、杏仁果、芝麻 其他：雞蛋
		離胺酸	豐富含於所有魚類中 豐富含於所有肉類中 種實類：腰果、花生 大豆食品：黃豆、黃豆粉
	維他命D		魚類：吻仔魚乾、鮭魚、鱒魚、秋刀魚、沙丁魚全魚乾、蒲燒鰻、太平洋玉筋魚（Ammodytes personatus）、鮪魚腹、鮟鱇魚肝/魚卵：帶膜鮭魚卵、鮭魚卵、鯡魚卵、鱈魚卵/其他：乾燥香菇

促進鈣質吸收的成分

牛奶與大豆本身就含有可以促進自體本身，或者來自於其他食物中鈣質吸收的成分。而這種成分在牛奶，則是蛋白質在分解過程中所產生的肽（酪蛋白磷酸肽Casein Phosphopeptides, CPP）與乳糖等，而大豆則是大豆胜肽與大豆低聚糖等。CPP在小腸內具有阻止將鈣質與磷結合成不溶性物質的能力，此作用以為厚生勞動省許可為「幫助鈣質吸收食品」被特定保健用食品（トクホ）所使用。此外，經實驗證實CPP的效果比起大豆胜肽的能力更強。

此外，為了增加鈣質的吸收率，維他命D也是不可缺少的。鈣質與鈣結合蛋白（Calcium-Binding proteins，CaBP）這類特別的蛋白質結合後會被腸道吸收，而維他命D具有促進CaBP產生的功效。維他命D幾乎不存在肉類或者貝類中，富含於魩仔魚乾、鮭魚、鰻魚等魚類，以及鮭魚卵或者鯡魚卵等魚卵中。此外、維他命D可在紫外線照射後在人體內合成，所以製造被陽光照射的機會也有幫助。

除了維他命D以外，蛋白質食品中豐富的氨基酸（精胺酸Arginine）與（離胺酸Lysine）、納豆中黏性成分中的聚肽氨酸（PGA, γ-Polyglutamic Acid）也是有益鈣質吸收而廣為人知的成分。

Q84

請教將鐵質有效率吸收的飲食搭配攝取訣竅

容易吸收的鐵血紅素、不易吸收的非鐵血紅素

食品中所含的鐵質可分為，肉類魚類等動物性食品中的鐵血紅素，以及存在於蔬菜與海藻等植物性食品中的非鐵血紅素2種。不過動物性食品中所含鐵質並不全然為鐵血紅素，從總含量的比例上看來，豬肉、雞肉、魚肉約為30～40%，牛肉、羊肉、約有50～60%為鐵血紅素。而雞蛋中則多為非鐵血紅素。

在吸收率方面，鐵血紅素比非鐵血紅素要高出許多，以健康的人論，鐵血紅素的吸收率約為15～25%，而非鐵血紅素的吸收率僅有2%左右。非鐵血紅素的吸收率受一同攝取食物的影響，已知與促進吸收的食物一同攝取可提高至二倍的4%左右。

而鐵質透過十二指腸吸收，如果不是轉化成易溶於水的二價鐵離子（Ferrous fumarate）型態則無法被吸收。鐵血紅素為二價鐵離子，而非鐵血紅素則是以稱為三價鐵離子（Sodium ferric gluconate complex）的形式存在，如果沒有以胃酸還原成二價鐵離子的形式則不會被吸收、吸收率極低。所以胃酸分泌少的人不易吸收鐵，胃比較弱的人多有鐵質缺乏性貧血問題。

促進與妨礙鐵質吸收的成分

非鐵血紅素的三價鐵離子，與帶有酸味的食物，例如醋裡的醋酸、梅干或柑橘類中富含的檸檬酸一同攝取時會刺激胃液分泌轉換成二價鐵離子，增加吸收率。此外與維他命C一同攝取也會變成二價鐵離子，增加吸收率。此外已知與動物性蛋白質一同攝取有促進吸收的效果。

● 與鐵質吸收有關的成分

	成分	代表性食物
促進吸收的成分	帶有酸味的食物（醋酸、檸檬酸等）	調味料：醋、柑橘醋、蕃茄醬、豬排醬、帶有酸味的調味醬等/水果：檸檬、醋橘等柑橘類等 其他：梅干、優格、白酒
	維他命C	蔬菜：紅色彩椒、抱子甘藍、苦瓜、埃及國王菜、水菜(京菜)、綠花椰菜、白花椰菜、蕪菁的葉子等/水果：柿子、奇異果、草莓、木瓜等。
	動物性蛋白質	肉類：牛肉、豬肉、雞肉等/魚類：鮪魚、秋刀魚、鮭魚等 ＊乳製品或雞蛋的蛋白質不具促進吸收效果
抑制吸收的成分	磷酸	加工食品：市售醃漬物、零食甜點等
	草酸	蔬菜：竹筍、菠菜、地瓜/飲料：綠茶、紅茶
	單寧酸	飲料：綠茶、烏龍茶、紅茶

＊食物纖維若從營養補充品等大量攝取，雖有抑制鐵質吸收的作用，但若是從一般食物中攝取的程度將不會有礙，故不在表中列舉。

為提高鐵質吸收率，不要與會妨礙吸收的成分一同攝取是很重要的。阻礙鐵質吸收的成分為蔬菜、海藻類、豆類、糙米等富含食物纖維的食品，以及富含磷酸的市售醃漬物或零食甜點等加工食品，竹筍與菠菜當中的澀味成分草酸，以及咖啡紅茶、綠茶中含量豐富的單寧酸。這些會阻礙鐵質吸收的成分，幾乎存在於所有食物中很難避免，但是如果是一般日常飲食的攝取量，並不會造成特別的影響。但是加工食品與茶類需要稍加留心。

鐵質吸收特別需要注意的地方則是，透過營養補充品攝取食物纖維的情況。營養補充品通常是為了補充一般飲食無法滿足的份量，一次大量攝取。食物纖維如果一日攝取量超過 50g 則會對鐵質產生阻礙，招致鐵質不足。

此外，促進與妨礙鐵質吸收的成分，套用在鋅與鈣質上面也適用。

Q85

烤魚與白蘿蔔泥一同享用，這樣的搭配具有攝取面的功效嗎？

白蘿蔔當中富含許多營養素，而其中具有提高烤魚營養成分的主要有維他命C與異硫氰酸酯（Isothiocyanate）。

提到烤魚中的代表有秋刀魚或鯖魚，鯡魚等富含脂肪的青背魚。青背魚中的鐵、鋅等礦物質含量豐富，而已知這些礦物質與白蘿蔔中的維他命C一同攝取有助於腸道吸收。

此外、白蘿蔔磨成泥之後在酵素的作用下會產生辣味成分的異硫氰酸酯。根據報告指出異硫氰酸酯有抗菌的效果，除了有助於預防食物中毒，亦有助於化解毒物酵素將肝臟中的致癌物質無毒化作用。基於以上原因，非常推薦將白蘿蔔泥大量與烤魚一同享用。

白蘿蔔泥的營養成分，也豐富存在於磨泥過程所產生的汁液當中所以不要丟棄，將麵麩等以磨泥器等磨碎切小加入其中。吸附了白蘿蔔汁膨脹的麵麩雖然顏色略帶淡淡黃色，但味道口感與白蘿蔔泥相仿，可以毫不浪費的一同食用。

此外，在過往的動物實驗結果中被放大解讀的莫過於，烤魚的焦黑處具有致癌物質這一點，現在則已知烤魚燒焦處與致癌並無關連。

Q86

白飯與味噌湯這樣的組合是有什麼道理的嗎？

白飯與味噌湯這樣的組合之所有會說有其道理的原因是，味噌的原料大豆與米組合後，可以提高米中的蛋白質在人體內的利用率。

對於昔日以米為主食的日本人來說，米不僅是碳水化合物的供給來源更是蛋白質攝取來源的重要存在。而今亦佔日本人一日蛋白質攝取總量中的一成左右。

從蛋白質在體內的利用率著眼，米中所含之蛋白質和動物性食物與大豆蛋白質相較，問題在於利用率極低。蛋白質在體內利用率高低與否取決於構成蛋白質的9種必需氨基酸是否均衡的具備而定（Q80）。米的問題在於稱之為離胺酸（Lysine）的必需氨基酸不足，所以利用率較低。離胺酸富含於大豆食品當中，所以與以大豆為原料的味噌湯一同攝取可以補其不足，提高蛋白質的利用率。

在一般的飲食中，味噌湯的份量約為1碗左右，所以僅是這樣的份量味噌是否可以補足米中欠缺的離胺酸還尚存疑點。不過如果大量使用油豆皮或豆腐等大豆食品加入味噌湯中，也可以增加不足的離胺酸。

Q87

為何炸豬排要與大量的高麗菜絲搭配食用呢？

炸豬排與高麗菜絲這樣的組合，據說是在明治時代創業於銀座的洋食餐廳所開始的。炸豬排在口中感到油膩時吃一口配菜高麗菜絲恢復口腔中的清爽，這樣一來便不會感到豬排油膩，清爽的吃到最後一口。但是其實這樣的組合不僅在味覺面上有道理，在營養面上也是非常合理的組合。

高麗菜中含有稱之為維他命U（Cabagin）的成分與維他命的效果類似。維他命U對於受傷的胃黏膜有修復成正常狀態等的作用，對於胃潰瘍與胃部受刺激感到的不適症狀有預防與恢復的效果，也有使用此成分製成的胃藥。此外高麗菜中富含維他命C與食物纖維，維他命C有助於胃部黏膜修復，而食物纖維具有抑制脂肪吸收的功效。

炸可樂餅、炸牡蠣、炸蝦排等炸物多與高麗菜絲一同食用也具有同樣的效果。

Q88

為何壽司要與甜醋薑片搭配食用呢？

生魚片這樣的生魚，也會附著導致食物中毒原因的細菌。壽司與甜醋薑片搭配的原因是，醋與薑均具有抗菌效果可以預防食物中毒這樣的前人智慧。此外、薑的辛辣成分與醋的酸味亦有促進消化液分泌進而促進消化的功效。當然在味覺面上也有貢獻，吃進鮪魚腹部這類富含脂肪的食材後，可以甜醋薑片清口。

而其他方面，芥末中的辣味成分異硫氰酸丙烯酯(Allylisothiocyanate)，搭配生魚片白蘿蔔中的辣味成分異硫氰酸酯(Isothiocyanate) 等都含有抗菌效果。而每到壽司店必會端上的濃煎茶，綠茶當中所含的澀味成分兒茶素亦有抗菌作用。如此這般，壽司或者生魚片不僅講究美味，在安全面上也因此而搭配了各種食材。但在實際上，不管是哪一種可以攝取的成份量都極少，可以在安全面上達到有效程度並無法一言以蔽之，但在安全意識面上對於食物中毒預防的概念應該是可以確定的。

Q89

生蠔佐以檸檬有助於提升營養價值嗎？

牡蠣中含有鋅、銅、鎂、鈣質等日本人容易缺乏的礦物質，被稱為“海中的牛奶”。這些礦物與維他命C或者檸檬酸，強烈酸性的食品組合，可提高吸收率。牡蠣生食時淋上檸檬汁或者多作為醋物這樣的吃法應該是帶有提高吸收率的道理在其中。

牡蠣除了礦物質以外亦富含牛磺酸(Taurine)與肝糖(glycogen)、維他命B_{12}等。生食之際所有的成分都可以完整進入體內，加熱後容易流失。理由在於牛磺酸與維他命B_{12}為水溶性，水煮會流入水中、燒烤蠔肉收縮與湯汁一同流出。所以如果是做成濃湯等湯品或者牡蠣炊飯等流出的湯汁亦可一同攝取的料理，便可以將營養素全數吃進。做成火鍋時湯汁多喝一些，或將剩下的湯汁加入白飯煮成雜炊也很好。此外油炸時，做成麵衣較厚的炸牡蠣排，流出的湯汁可以被鎖在麵衣中。不過要注意避免油炸時間過長導致麵衣裂開。

不僅是生蠔烹煮，加熱後的料理也可以與帶有酸味的食材一同搭配。使用檸檬或者醋、或是以醋做為原料的蕃茄醬或豬排醬，也可以把蕃茄這類帶有酸味的蔬菜或富含維他命C的綠花椰菜等作為配菜，提高礦物質的吸收率。

Q90

請教提高燙青菜營養價值的訣竅

菠菜或小松菜這類蔬菜富含β胡蘿蔔素。β胡蘿蔔素為溶於油脂中的脂溶性維他命，所以基本上只汆燙這樣的烹調法是無法吸收的。若想要吸收β胡蘿蔔素，要與脂肪搭配組合攝取是訣竅。

脂肪不僅含於油品當中，芝麻或者堅果等種子約有一半都是脂肪。不僅如此，種實類也富含蛋白質、鐵與鋅等礦物質、還有維他命B_1、B_2、B_6等維他命B群，以及豐富的食物纖維。特別是芝麻中的鈣質與花生中的維他命E更是含量豐富。

將這類堅果撒在燙過的青菜上，或者做成芝麻醬、花生醬涼拌，不僅可以讓脂肪提高β胡蘿蔔素的吸收率，也同時攝取了其他營養素，提升料理的營養價值。此外，芝麻中所含的芝麻木質酚與花生中豐富的白藜蘆醇（Resveratrol）與維他命E，不論何者均為抗氧化物質。這些與蔬菜一同攝取，也有助於提高β胡蘿蔔素的抗氧化能力。也就是說，蔬菜與種實類搭配能夠相互提升彼此的營養價值。

我是蔬菜
你好!
我是堅果
你好!
青菜與堅果
提高營養價值!

Q91

在沙拉中添加生胡蘿蔔會破壞維他命C是真的嗎？

在過去常說將生的胡蘿蔔放入沙拉中會破壞其他生菜的維他命C。不過在近年的研究中發現其實並不會造成維他命C的損失。

胡蘿蔔、高麗菜、小黃瓜、南瓜、茄子、哈密瓜、琵琶中含有抗壞血酸（Ascorbic acid）（維他命C）氧化酵素。在此酵素的作用下，新鮮蔬菜中所含維他命C（還原型）會氧化成維他命C（氧化型）。便有人想維他命C氧化後，是不是會無法發揮原本的效能，但是近年來發現氧化前的維他命C（還原型）氧化之後，變成維他命C（氧化型）兩者的效能並無差異。

實際上，在各種蔬菜與水果中各自以果汁機打成汁，加入抗壞血酸氧化酵素調查總維他命C的含量變化實驗中，雖然經過一段時間氧化後的維他命C含量增多，但是在1個小時之後幾乎所有果汁中的總維他命C含量並無太大改變。

Q92

生菜沙拉是不是使用低卡沙拉醬對健康比較好呢？

市售沙拉醬，從低卡到高熱量的種類繁多。低卡的產品是以減少油量藉以降低熱量(卡洛里)，比起高熱量等同於肥胖這樣短淺的看法，應該擴大視野從營養面著眼。

沙拉中最常使用的蔬菜，例如美生菜、萵苣、奶油萵苣、捲葉萵苣、水菜(京菜)等。而其中除了結球萵苣類以外的綠黃色蔬菜富含鐵、β胡蘿蔔素、維他命E、維他命K等營養素。幾乎沒人知道這些葉菜的營養價值，可與綠花椰菜與紅色彩椒匹敵。

沙拉醬欲從營養面考量，必需先從整體搭配開始。單以萵苣來說，低卡的沙拉醬幾乎不含油脂，萵苣類中豐富的β胡蘿蔔素與維他命K等脂溶性維他命便相對降低，變成缺乏營養的膳食。但是，如果在整體上，有其他料理有使用油，那使用低卡沙拉醬，脂溶性維他命在一定程度上也可以被吸收。但是比起其他料理有油，萵苣直接使用有油的沙拉醬吸收率會變高。以相同的蔬菜、相同的油量比較維他命吸收率的實驗中，比起油炒、淋上油分子變得更小的美奶滋與沙拉醬吸收率更高。

此外沙拉醬的含油量對於鐵與礦物質的吸收率沒有影響。礦物質吸收促進是透過酸而非油脂，而多數的沙拉醬中都含有醋等成分，所以淋上沙拉醬的話也可增加吸收率。

● 生菜中的營養成分（100g中含量）

食物	鐵（mg）	β胡蘿蔔素（ug）	維他命E（mg）	維他命K（ug）
結球萵苣	0.3	240	0.3	29
萵苣	2.4	2200	1.4	110
紅萵苣	1.0	2300	1.3	160
奶油萵苣	1.8	2000	1.2	160
水菜（京菜）	2.1	1300	1.8	120
綠花椰菜	1.0	810	2.4	160
紅色彩椒	0.4	1100	4.3	7

Q93

蕃茄與橄欖油是義式料理中的固定組合。這樣的搭配有什麼效果嗎？

蕃茄與橄欖油的組合，有助於提高營養素的吸收，增強抑制體內活性氧作用提升的效果等，在營養面上是非常好的搭配。

屬於綠黃色蔬菜的蕃茄不僅富含β胡蘿蔔素，同為類胡蘿蔔素系（Carotenoid）的紅色色素—蕃茄紅素（Lycopene）含量也很高。β胡蘿蔔素與蕃茄紅素同為脂溶性，所以與脂肪一同攝取有促進吸收的效果。特別是β胡蘿蔔素，與油脂一同吸收率約高達七倍，已在實驗中被證實。

蕃茄與橄欖油的組合，從可以攝取複數抗氧化物質這點來看可以說是非常好的搭配。抗氧化物質比起單獨攝取1種來說，複數組合攝取會在體內產生抗氧化的網絡相互連結，所以效率會提升，更有效保護身體不受活性氧酵素侵害。β胡蘿蔔素具有強力的抗氧化效果，近年來的研究則是發現蕃茄紅素的抗氧化效果更在β胡蘿蔔素之上。多數的流行病學調查中也指出，蕃茄紅素對於肺癌、卵巢癌、攝護腺癌等特定的癌症具有預防的效果，這些應該都是強力的抗氧化力之貢獻。

另一方面橄欖油是從橄欖果肉中所榨取的油脂，所以也含有其他油品中沒有的β胡蘿蔔素。不僅如此，第一次榨取的油(初榨橄欖油)中橄欖果實特徵性的抗氧化多酚類(羥脯胺酸Hydroxyproline與橄欖苦苷Oleuropein)含量更豐富。抗氧化物質有抑制低密度脂蛋白(LDL)膽固醇氧化的效果，對於預防動脈硬化有非常大的效果。

此外，橄欖油中的脂肪酸約有不到八成，含有降低血中LDL膽固醇濃度的油酸，可與抗氧化物質一同預防與抑制動脈硬化進行。至今，以世界七國特定地區為對象的大規模流行病學調查中顯示，居住在地中海沿岸區域的人，血中膽固醇濃度不高、心肌梗塞的發生率低。所以才會說蕃茄與橄欖油這樣的組合，對於心肌梗塞的預防有一舉數得的功效。

Q94

義大利麵與大蒜這樣的組合有什麼營養效果呢？

義大利麵主要的成分雖為澱粉，但也同時具備澱粉轉化成熱量時扮演輔酶角色不可缺少的維他命B_1。再加入大蒜，水溶性的維他命B_1會變成脂溶性的大蒜素不僅提高吸收率，也讓體內的維他命B_1持續產生作用，所以會加速澱粉轉化成熱量。

大蒜與義大利麵的組合再加上辣椒的料理，稱為Spaghetti aglio olio e peperoncino，材料中的辣椒所含辣味成分的辣椒素(Capsaicin)有助於胃液分泌促進消化吸收，所以對於熱量代謝的倍增能力有可期效果。

此外，大蒜與義大利麵組合後再加上松子與羅勒的青醬義大利麵，其中的松子富含維他命B_1所以對於澱粉中的熱量代謝有極大貢獻。不僅如此松子中富含維他命B群與維他命E，日本人容易缺乏的鈣、鐵、鋅、鎂等礦物質與食物纖維、多酚都很豐富，羅勒補足了松子中缺乏的β胡蘿蔔素（維他命A前趨物質）與維他命C等。由於維他命A、C、E與多酚等複數抗氧化物質可以一次攝取，所以是一道對於有助於抑制活性氧的料理。

Q95

小松菜拌油豆腐皮這道菜
有什麼樣的營養效果呢？

小松菜是所有蔬菜中鈣質含量最豐富的。1小碗的燙小松菜(70g)有相當於½杯牛奶(100ml)的鈣質。但是蔬菜的鈣質吸收率僅有非常低的19%，僅有牛奶的一半，單純的就計算上攝取含鈣量與牛奶相等的小松菜，實際被人體吸收的僅有牛奶的約一半。但是，如果與具有促進鈣質吸收率的食品搭配，例如大豆製品中的油豆腐皮，吸收率將可提高(Q83)。

因為這些理由，所以是不是應該在小松菜拌油豆腐皮這道料理中加入大量的油豆腐皮吧。油豆腐皮中也富含鈣質，1片(30g)約含有½杯(100ml)牛奶等量的鈣質。在美國的研究報告中指出，大豆食品中的鈣質吸收率可與牛奶匹敵。

此外，平日常被丟掉的白蘿蔔或者蕪菁的葉子裡約含有小松菜1.5倍多的鈣質。所以將白蘿蔔與蕪菁的葉子以相同的方法加入大量油豆腐皮或煮或炒也不錯。而如果再加入富含維他命D的乾香菇，能讓鈣質吸收率更上一層。

小松菜、白蘿蔔與蕪菁的葉子、油豆腐皮含鐵量也很豐富，所以這樣組合後的料理也是很有價值的鐵質補充來源。

Q96

雞蛋與牛奶搭配何種食物
可以獲得完備的營養呢？

雞蛋與牛奶是堪稱完全食品，營養豐富的食材（Q45・Q52）。但是實際上兩者均為動物性食品不含植物纖維，維他命C僅在牛奶中有極少的含量，雞蛋中則完全沒有。當然跟單次攝取的份量有關，但是亦有其他份量略嫌不足的營養成分。

以雞蛋1個（50g）、牛奶1杯（2ooml）做為參考基準。在這個分量中雞蛋所含的鉀與鈣，牛奶中所含的維他命E與葉酸（維他命B群之一）份量略顯不足。食物纖維與維他命C、鉀、葉酸、維他命E，蔬果中含量豐富，所以雞蛋牛奶與蔬菜水果組合的話便可稱為接近均衡完整的營養。

蔬菜中更以小松菜、蕪菁與白蘿蔔的葉子、水菜（京菜）、埃及國王菜，富含雞蛋中所不足的鈣質與鉀。鉀為水溶性透過汆燙會大幅流失，所幸這些蔬菜中所含澀味成分不多，所以不需水煮可以直接炒，或者煮成湯，稍微汆燙過後與雞蛋組合應該很不錯。

牛奶中缺乏的維他命E與葉酸，在南瓜與紅色彩椒、蕪菁與白蘿蔔的葉子、酪梨等中含量豐富。葉酸為水溶性，水煮會流失一部份。南瓜與紅色彩椒、酪梨使用牛奶做成濃湯，不僅可以防止營養流失，在味道方面也是很好的組合。當然在單品料理中組合各食材，或者做成個別料理一起享用都是很推薦的。

Q97

請教能夠保護肝臟的下酒菜

透過飲酒所攝取的酒精會在肝臟中分解，這個時候會用到酵素。酵素使用殆盡時酒精會在途中停止分解，分解過程中所產生的毒性乙醛(Acetaldehyde)會留滯在體內。酵素的原料為蛋白質，所以喝酒時攝取蛋白質食品，在喝酒的時候便會製造酵素，對於乙醛的分解有幫助。此外構成肝臟組織的蛋白質約有一半會在約10天中更新一次，是新陳代謝非常激烈的器官，所以肝臟的原料蛋白質是守護肝臟很必要的營養素。

酒精透過酵素的效能進行分解，而促使酵素運作不可或缺的輔酶維他命B群中，在喝酒時消耗量特別大的是維他命B_1與菸鹼酸。維他命B_1豐富存在於豬肉或火腿(豬肉加工品)，菸鹼酸則是鰹魚、鮪魚等魚類以及雞胸肉與雞柳當中。此外近年來的報告中也發現，芝麻中所含的芝麻素對於酒精分解相關的酵素有促進活性化的效果。

肝臟中旺盛的酵素活動，或使活性氧產生增加。活性氧會對肝臟等細胞造成傷害，成為引起肝病的原因，所以喝酒時多多攝取抗氧化物質是很重要的。如Q18所述，複數組合攝取抗氧化物質是很重要的。抗氧化物質有很多種，β胡蘿蔔素、維他命C、維他命E、多酚類多含於蔬菜中，牛磺酸則在花枝、章魚與貝類中很多，薑黃素(Curcumin)則是在咖哩粉中。薑黃素是以香料中的薑黃為主要成分，不僅具有強烈的抗氧化效果，透過促進膽汁分泌功效進而刺激肝臟細胞，達到肝臟機能改善的功能。

含有以上營養成分的下酒菜，具體的內容如下頁圖表所述。即便是有下酒菜，也請在一開始攝取適量含有脂肪的料理，之後再吃脂肪較少的蛋

● 保護肝臟的下酒菜

食品		料理例
大豆食品	豆腐、油豆皮、油豆腐、納豆、毛豆	味噌豆腐、冷豆腐、烤油豆腐皮、毛豆、豆腐醬拌菜、炒豆腐
海鮮類	魚類	鮪魚生魚片、韃靼鰹魚、煮魚、烤魚、蒸魚、鯖魚煮味噌、照燒青甘魚、魷魠魚西京燒、蒲燒鰻、鰻魚蛋卷
	貝類、章魚、花枝等	帆立貝生魚片、醋泡生蠔、貝類拌醋味噌、酒蒸花蛤、花枝章魚等生魚片、海鮮醋物、關東煮、海鮮沙拉
雞蛋、乳製品	雞蛋	日式蛋卷、蛋卷、茶碗蒸、溫泉蛋等
	牛奶、優格、起司等	綜合起司盤、奶油濃湯、白醬煮雞肉、起司烤魚、使用優格做成醬料的沙拉
雞胸肉		使用雞胸肉做成的醋物、雞柳生魚片
豬肉•加工品	肉、豬肝、火腿、熱狗等	韭菜炒豬肝、綜合火腿拼盤、烤豬肉、燙豬肉、漢堡、薑汁豬肉燒、豬肉水餃、豬肉燒賣等
綠黃色蔬菜	菠菜、小松菜、埃及國王菜、油菜花等	日式燙青菜、芝麻醬拌青菜、小松菜拌油豆皮、煮南瓜、綠花椰菜、蘆筍等溫野菜沙拉
咖哩粉		咖哩肉醬、咖哩風味魚排等
飲料		綠茶、烏龍茶、紅茶

白質食品與蔬菜，這樣可以緩和酒精的吸收，藉以保護肝臟。空腹的狀態下喝酒，酒精會迅速的被胃吸收容易喝醉，變成肝臟的負擔。

雖然不是下酒菜，但是綠茶或咖啡中所含的咖啡因也有提高酒精分解酵素活性的效果，而據說綠茶中的兒茶素有從胃裡抑制酒精吸收的作用。喝酒後需要補充水分喝點綠茶等飲料是很好的方法。

Q98

為什麼豬肉與大蒜的組合對於夏天中暑很有效呢？

中暑之後，會感到身體疲勞沒有精神，或者心神不寧軟弱無力。導致中暑其中一個原因是，天氣太熱或者冷氣房太冷導致食慾不振、食量降低，使得熱量攝取不足。此刻需要積極攝取的營養素，亦稱為"恢復疲勞維他命"的維他命B_1。

豬肉在眾多食品中，堪稱維他命B_1含量極高的食物。雖然僅有維他命B_1並無法恢復疲勞，但是與大蒜的氣味成分（大蒜素）結合後會變成脂溶性的蒜硫胺素（Allithiamin），不僅有助於提升維他命B_1的吸收率，更進而讓體內維他命B_1持續發揮功效迅速的產生熱量。豬肉與大蒜的組合之所以對於中暑有預防與改善的效果，很大一部份的原因是因為蒜硫胺素（Allithiamin）發揮其效果。此外，韭菜炒豬肝會被稱為活力料理的原因，也是因為豬肝中富含維他命B_1與韭菜中氣味成分的含硫化合物結合之故，與豬肉大蒜這樣的組合有相同值得期待的效果。

富含維他命B_1的料理有火腿、培根、熱狗等豬肉加工製品，金針菇、舞菇等菇類，芝麻與花生等種實類中也有。與大蒜的氣味成分具有同樣效果的食物有，長蔥、洋蔥、韭菜、蕗蕎等。將這些組合後的菇類炒培根、火腿炒洋蔥、韭菜拌芝麻醬等，也對於中暑具有預防與改善效果的料理。

Q99

水果與肉類一起吃有助消化嗎？

水果中有助於肉類消化的成分有二種。一種是有助於肉類蛋白質分解的酵素（蛋白質分解酵素），另一種是酸。酸雖然無法直接分解蛋白質，但由於保水性高有助於把肉變軟，提高肉類本身自體蛋白質分解酵素能力，加上酸有助胃液分泌促進肉類的消化。

含有蛋白質分解酵素蛋白酶（Protease）的水果有鳳梨（鳳梨蛋白酶Bromelain、無花果（無花果蛋白酶Ficin）、木瓜（木瓜蛋白酶Papain）、奇異果（奇異果蛋白酶Actinidain）、哈密瓜（黃瓜素Cucumisin）、梨子（未特定）等（括弧内為蛋白質分解酵素名稱）。不僅水果，薑裡面也含有酵素（生薑蛋白酶Ginger protease）。另一方面酸味強烈的水果，富含檸檬酸的檸檬、柳橙等柑橘類。

餐廳的招牌菜"生火腿哈密瓜"便是典型的將有助肉類消化的水果與肉結合。透過咀嚼破壞水果的細胞釋放蛋白質分解酵素，生火腿接觸蛋白質分解酵素後進行分解。哈密瓜的分解酵素（黃瓜素）在胃裡面也非常活躍，有助於胃液中的蛋白質分解酵素（胃蛋白酶）迅速分解蛋白質。

將含有蛋白質分解酵素的水果磨泥浸泡肉類，在酵素的作用下蛋白質被分解，可使肉類柔軟。但是如果將水果泥與肉類一同加熱，超過60℃水果酵素便會失效。也就是說一旦加熱後蛋白質分解酵素對於消化便無法產生貢獻。

檸檬酸多含於酸味強烈的水果中，加熱後酸的強度也不會改變。也因此與肉一同加熱，肉的保水性將會提升變得柔軟容易消化。此外，酸味有促進消化液分泌，讓消化能力更上一層。

● 有助肉類消化的食品與成分

	食物	蛋白質分解酵素的種類
含有酵素的水果	奇異果	奇異果蛋白酶
	哈密瓜	黃瓜素
	鳳梨	鳳梨蛋白酶
	奇異果	奇異果蛋白酶
	木瓜	木瓜蛋白酶
	日本梨子	未特定
帶有強烈酸味的水果	檸檬	檸檬酸
	夏柑	檸檬酸
	葡萄柚	檸檬酸
	瓦倫西亞橙	檸檬酸
含有酵素的蔬菜	生薑	生薑蛋白酶

Q100

請教增加善玉菌攝取的搭配訣竅

欲使腸內善玉菌增加，有二個重點。一個是攝取可以變成善玉菌養分的食物纖維或果糖促進善玉菌繁殖。另一個是攝取優格等以乳酸菌發酵的醃漬物等，將乳酸菌送入腸道內。近年來發現果糖中特有的果寡糖(Fructooligosaccharide)、大豆寡糖、阿拉伯樹膠糖(Arabino oligosaccharides)有助善玉菌增生。此外、惡玉菌並無法從這些成分中得到養分繁殖增生。

果寡糖富含於蘆筍、洋蔥、胡蘿蔔、香蕉等。而其中洋蔥在燉煮後會變成糊狀降低固體份量，所以烹調成煮物或者湯品等可以大量攝取，以寡糖的供給源來說是價值非常高的蔬菜。

大豆寡糖存在於大豆加工品當中。煮豆時大量煮好分小包裝冷凍備用，隨時都可以食用。此外大豆製成的黃豆粉，添加在優格或者牛奶中，或者吃蕨餅時多放一點，花點心思讓攝取與使用量增加也是很重要的。

阿拉伯樹膠糖存在於蘋果水溶性纖維中的果膠中。蘋果直接生食也不錯，但是加熱後固體份量降低可以多吃一點。對半切後以烤箱烤過，很簡單就是一道烤蘋果。連皮一同享用更可增加食物纖維攝取量，可謂一石二鳥。

● 含有果糖的食物

種類	代表性的食品	甜度（砂糖為100度）
果寡糖	洋蔥、牛蒡、蘆筍、香蕉、大蒜、蕃茄等	30～60
大豆寡糖	大豆、黃豆粉、納豆、豆腐、豆漿等	50～70
低聚異麥芽糖（Isomaltooligosaccharide）	味噌、醬油、酒（含量均微少）	40～50
乳寡糖	牛奶、優格	50～70
低聚半乳糖（Galacto-oligosaccharide）	牛奶、母乳（兩者含量均微少）	25～35
木寡醣（Xylooligosaccharide）	玉米、竹筍	30～40
阿拉伯樹膠（Arabino oligosaccharides）	蘋果	—

優格中的乳酸菌，如果可以活著抵達腸道，短暫留滯在大腸中便可成為善玉菌對改善腸胃有貢獻。最近也有以使用抗胃酸效果強可以直接抵達腸道的乳酸菌製成的優格等製品問世，但如果是死掉的狀態抵達腸內也可以成為善玉菌的養分，最後與果糖、食物纖維相同有助於善玉菌增生。關於優格添加在咖哩等食物中加熱，超過60℃乳酸菌會死去這點，並不需要特別在意。

Q101

吃完優格之後吃抗生素，乳酸菌是不是會死掉呢？

感冒之後去看醫生，醫生會開抗生素給我們。抗生素是為了抑制、消滅感染成因病菌繁殖的藥品，但是抗生素並不是指挑選對身體有害的細菌消滅，同時也會殺掉好的細菌。吃了抗生素之後在腸內害怕抗生素的善玉菌不僅會死，而對抗生素有抵抗力的惡玉菌會急速增加，所以腸內細菌的平衡會大幅崩壞。此時會有短暫的腹瀉、依體質而異也會有便秘的情況發生。

抗生素也會殺死透過優格等攝取的乳酸菌。也有一種情況是，在吃完優格之後吃某種抗生素(奎諾酮類抗生素Quinolone)、四環素類抗生素

(Broad-spectrum antibiotic)，優格中的鈣質等與抗生素成分結合後，會抑制藥物成分被吸收。基於以上的原因，抗生素不要在吃完優格後吃，如果要吃優格的話請在服用抗生素後2 ～ 3鐘頭以上會比較好。

無論如何，要留心開始吃抗生素之後腸內細菌會受到嚴重傷害這件事，參考Q100積極的讓善玉菌增加是很重要的。

Q102

有些餐廳會在餐後送上橘子。這有什麼營養效果呢？

橘子是富含維他命的水果，100g中含有100ug的 β 胡蘿蔔素可與綠黃色蔬菜匹敵，一個大的橘子(100g)，維他命C含量可超過一日必需量的1/3。此外，黃色色素成分的 β 隱黃素(β cryptoxanthin) 在近年的研究中陸續顯示，具有抗氧化、抑制致癌物、增強免疫、預防骨質疏鬆症等作用。橘子單獨食用便有眾多可期健康效果，在餐後攝取橘子中的成分，對於促進餐點中營養素吸收與相互作用加乘有可期健康效果。

橘子中的檸檬酸帶有酸味，酸味有促進消化液分泌的作用，在餐後吃橘子有助消化，可預防胃部不適。此外，在國內外的研究中顯示酸味對於餐後急遽上升的血糖有抑制的效果。血糖值若不急遽上升便可抑制胰島素的分泌，血糖便不易變成體脂肪囤積，此外對於糖尿病的預防也有幫助。

檸檬酸與維他命C有促進礦物質吸收的作用，也因此對於餐點中的礦物質攝取有提升的效果。此外、橘子富含抗氧化物質維他命C與β胡蘿蔔素，應有與餐點中攝取的抗氧化物質相輔相成，強化彼此的抗氧化力，產生持續性效果的可能。

吃橘子的時候，表皮內側白色的部分稱為橙皮素(Hesperidin)含有對健康有益的成分(Q61)，連同此處一同食用是比較好的。

● 餐後吃橘子的健康效果

成分	可期健康效果
檸檬酸	促進消化液分泌(改善並預防胃部不適發生)、抑制血糖值上升、促進礦物質吸收
維他命C	促進礦物質吸收、抗氧化(維他命C與餐點中所含抗氧化物質之加乘效果)
β胡蘿蔔素	抗氧化、(β胡蘿蔔素與餐點中所含抗氧化物質之加乘效果)

Q103

餐後喝茶有什麼道理在裡面呢？

近年來發現綠茶、紅茶、烏龍茶等茶類具有有益健康的效果。在以前、因餐後飲茶有抑制鐵質吸收理由而避免的也人也不少，但另一方面在進餐時與餐後積極的喝茶也有助於預防生活習慣病的發生，應參考其利弊檢視自己的飲食生活與健康狀態擇其所需。

餐後飲茶的缺點—抑制鐵質吸收

餐後喝茶會妨礙鐵質吸收。主要的原因是餐點中所攝取的鐵與茶中所含單寧結合變成腸道無法吸收的單寧鐵。單寧是茶湯中所有澀味成分多酚的總稱，有各種種類。有助預防生活習慣病的兒茶素也是其一。現今日本女性約3～4人中有1人是鐵質缺乏性貧血候選人。鐵質缺乏者在用餐與餐後基本上是要避免喝茶的。此外，茶中不僅所含單寧為妨礙鐵質吸收的成分，菠菜中的澀味成分草酸，也是茶裡妨礙鐵質吸收的成分之一。

用餐與餐後飲茶時，如果是淡淡的煎茶或焙茶並不需要太在意單寧所造成的影響。焙茶與煎茶或番茶是經過200℃左右的高溫焙煎而成的茶種，透過高溫兒茶素等分解下，使得能與鐵結合的單寧含量降低。煎茶淡淡的飲用澀味並不明顯，也就是單寧含量低的茶，不易對鐵質吸收造成妨礙。

單寧不僅存在於綠茶中，紅茶或烏龍茶裡也有。此外、草酸不僅存在於茶裡面，咖啡中亦有。與餐點一同飲用紅茶、烏龍茶、咖啡之際，需要與綠茶相同留心。

● 用餐時、餐後飲茶的長處與缺點

	成分	作用
缺點	單寧（主成分為兒茶素）	抑制鐵質吸收
長處	兒茶素	抑制脂肪、膽固醇吸收（動脈硬化預防、肥胖預防）抑制血糖值上升、抗菌（預防食物中毒）

餐後飲茶的長處－預防生活習慣病

食物中所含膽固醇與中性脂肪等脂肪，在消化過程中變成膽汁的一部份，最後以脂肪分解酵素脂酶(Lipase）分解吸收。富含於茶中的兒茶素會阻礙膽固醇變成膽汁的一部份，使得膽固醇不易從腸道被吸收直接排泄。這有與抑制血中膽固醇濃度上升有關。

此外，兒茶素具有阻礙脂肪分解酵素運作的作用。此作用有助於抑制脂肪吸收直接排泄至體外，進而達到抑制血中中性脂肪濃度上升的效果。

澱粉等碳水化合物，在消化過程中透過消化酵素作用分解成葡萄糖，經由小腸被吸收。兒茶素有抑制糖類分解酵素作用的功效，抑制小腸吸收葡萄糖有助於抑制血糖值急遽上升。其結果可抑制胰島素分泌，對於糖尿病預防有助益。

所以用餐間與餐後的飲茶，也可稱之為是在生活習慣病預防方面有道理的一個飲茶時機吧。

Q104

咖啡與紅茶中加入牛奶是不是在營養面上比較好呢？

咖啡、紅茶、綠茶、可可等飲料中富含草酸。草酸是一種與鈣質、鐵等礦物質非常容易結合的物質。在餐廳用餐後喝了附餐的咖啡或紅茶，對於餐點中攝取的鈣、鐵等礦物質會造成吸收妨礙，造成營養面的問題。

喝完濃紅茶之後殘留在口中澀澀的口感，是因為紅茶中的草酸與唾液中的鈣質迅速結合成細小的結晶(草酸鈣)，所造成物理上的刺激所致。同樣的從腸道吸收的草酸在體內迅速的與鈣質結合變成草酸鈣的結晶，也會引起尿路結石(所謂尿路是指尿液通道之腎臟、輸尿管、膀胱、尿道)。但是紅茶與咖啡加入牛奶的話，在進入口中的階段，草酸已經與鈣質結合形成結晶，所以草酸不會直接被體內吸收，也不會妨礙到從餐點中所攝取的礦物質。也因此餐後喝紅茶與咖啡加入牛奶是比較好的。

● 富含草酸的食物

	食品	一次參考份量	(g)	草酸量(mg) 一次份量	100g中含量
水果	香蕉	1根	100	500	500
	無花果	大1個	80	80	100
蔬菜	菠菜	汆燙後1小碗	70	679	970
	香菇	中央2cm	50	327	654
	地瓜	½根	100	240	240
	胡蘿蔔(帶皮)	2cm	40	200	500
	芹菜	1根	90	171	190
	茄子	中1根	84	160	190
	美生菜	外圍葉片1片	40	132	330
	埃及國王菜	汆燙後1小碗	70	114	163
	花椰菜	2小朵	60	114	190
飲料	紅茶	1杯	140	101	72
	綠茶	1杯	140	25	18
	咖啡	1杯	140	46	33
	可可	2小匙	4	25	623

＊以美國農業食品成分表為基準製成

紅茶與咖啡加入牛奶的話，與草酸結合的鈣質這部分會流失。（草酸 2.25mg 與 1mg 的鈣質結合），但是如果加入大量的牛奶，沒有結合的鈣質還是會透過腸道吸收成為體內營養素產生作用。不過、以植物油為原料的咖啡用奶精中鈣含量不高，所以無法達到與牛奶相同對草酸的影響。

此外、也有將檸檬加入紅茶中的喝法，檸檬中含量最高的檸檬酸對於草酸與鈣結合也有阻礙的作用。如果是喝檸檬茶的話餐食中所攝取的鈣質將不會與草酸結合直接被吸收，如此草酸會直接進入體內。

草酸如前頁所示廣泛存在於各種食物中。如果是需要特別注意的情況下，例如將香蕉與優格搭配，與富含鈣質的食品組合攝取可能會比較好。

Q105

營養補充品在什麼時間吃會比較好呢？

藥品服用的份量與次數、服用時間等均有具體標示。但是營養補充品因為是食品，根據藥事法無法像藥品一般進行標示，所以不會像藥品一樣標示具體的攝取方法。如果有標示的話就依照標示服用，如果沒有的話基本上是在餐後服用。

維他命與礦物質等營養補充品，基本上是以補充餐點中所攝取不足營養素為主。餐後消化活動旺盛，此刻攝取可連同餐點中的各種營養成分效能一同迅速的被吸收。特別是脂溶性維他命(維他命A、D、E、K)與 β 胡蘿蔔素需要溶於油脂中從腸道被吸收，所以與含有脂肪的餐點一起攝取會比較好。營養補充品在空腹時使用，例如維他命C中酸的影響會導致胃部不舒服、亦有與游離礦物質產生反應的例子，餐後服用可避免這些問題產生。

但是並非所有的營養補充品都是在餐後使用比較好。例如服用以減量為目的的食物纖維營養補充品，餐前攝取填滿空腹後再進食可避免飲食攝取過量。此外，水溶性維他命(維他命C與B群）的營養補充品，就算一次大量攝取，數個鐘頭後如果不被體內利用，多餘的份量則會隨尿液排出，比起一次大量攝取，少量多次在體內比較能有效被利用。實際上亦有報告顯示以60mg的維他命C來說，一次攝取維他命C的吸收率為71%左右，分成多次可達到91%。

不管是哪一種營養補充品，為了避免飲料與營養品中的成分相互影響，服用時以溫水服用。大顆粒的藥錠或者膠囊容易附著在食道上，藥品成分在食道溶解也會造成食道黏膜疼痛等，所以請以大量水分服用。

4 活用營養的料理訣竅

Q106

蔬菜切過之後變色是不是營養價值會降低？

切這個料理操作，是為了將食物處理成容易入口、方便加熱、容易入味所進行的手續。以菜刀切菜這樣看似簡單的動作，但是依照切法有時也會影響營養價值。

蔬菜切了之後細胞被切斷。蔬菜中含有各種酵素，切了之後細胞被破壞，酵素變得與各種成分得以接觸所以開始產生作用，顏色、香味、味道等會轉變成美味的成分開始產生變化，或者變成新的營養成分。

蓮藕與牛蒡、茄子等會從切口變成茶色。這是因為蔬菜中所含多酚所產生的酵素作用，與空氣中的氧結合（氧化）變成褐色。多酚為抗氧化物質，透過自己的氧化抑制對手的氧化，將體內的活性氧作用轉變成無害。切過的蔬菜變成褐色的部分，多酚的抗氧化效果將會減弱或者流失。蓮藕與茄子等切過之後泡水可以防止變色，是因為水溶性的多酚從切口溶入水中的緣故。泡水會使得水溶性維他命（維他命C、B群）以及鉀流出。從營養面來看流出的部分會造成非常大的損失。在烹調蓮藕等食材之際使用浸泡的水一同調理，可讓流出的多酚一同使用。此外，酵素的作用使用檸檬、醋、或者食鹽可達到抑制效果。為了防止切過的蓮藕變色淋上檸檬汁，或者浸泡在鹽水裡就是利用這個效果。

Q107

請教蔬菜切過之後會增加的營養素是什麼？

蔬菜在切過之後會受到壓力。受到壓力之後蔬菜與人相同會在體內（組織內）產生活性氧。但是如果是蔬菜的話與人不同，為了要避免自身遭受活性氧傷害會產生抗氧化物質的維他命C。也就是說，切過之後維他命C會增加。但是依照蔬菜種類不同製造維他命C的酵素能力也有所差異，所以因壓力所消耗的維他命C的量也不同。維他命C增加與否與此兩要素相加減後有關，所以就結果來說並非所有蔬菜的維他命C都會增加。

已經證實的是白蘿蔔、馬鈴薯、地瓜、胡蘿蔔、洋蔥等根莖類，在切完之後1～2日為止維他命C量會與時間一同增加。在實驗中則是，切完2日後維他命C的含有量白蘿蔔為1.1倍，馬鈴薯與洋蔥為2.1倍、地瓜與胡蘿蔔則是增加至1.4倍。切過的蔬菜在室溫中（20～25℃）比起放在冷藏室中（4℃）的維他命C含量更為增加。因為放在冷藏室中，在低溫的環境下也會變成壓力，維他命C也會被消耗所致。

另一方面，經證實切過的高麗菜維他命C含量下降。切完直接置於室溫中（30℃）2日後減少15%，放在冷藏室中（4℃）保存，減少量可抑制在5%。不切直接放在冷藏室保存可以抑制維他命C減少。

使用胡蘿蔔、洋蔥、馬鈴薯等根莖類所製成的馬鈴薯燉肉或者咖哩、濃湯、湯品等，前一天事先把蔬菜切好隔日烹煮會比切完馬上烹煮可以獲得更多的維他命C。

Q108

為何大蒜切過之後氣味會變強烈呢？

大蒜的氣味源頭來自於蒜氨(Alliin) 這種成分，大蒜素本身並沒有味道。所以在沒有受傷的狀態下大蒜並不臭便是這個原因。但是在搗碎或切過下細胞被破壞之後，稱為大蒜苷(Alliinase)（亦稱為C-S lyase）的這種酵素開始活動，將蒜氨(Alliin) 轉化成稱為大蒜素(Allicin) 這種物質，散發大蒜特有的強烈氣味。大蒜苷與蒜氨本身透過細胞壁隔開，存在於不同的場所，細胞被破壞之後讓兩者接觸後酵素的作用開始發揮功效。

透過這樣所產生的大蒜素本身就是非常容易產生反應的物質，切開後隨即與各種物質開始產生反應，變成包含硫磺等各種成分，

洋蔥、韭菜、蔥、蕗蕎等蔥屬蔬菜中也與大蒜相同，經過切而開始作用的酵素成分。此外、大蒜素與蒜氨是僅限於大蒜使用的名稱。其他的蔥屬蔬菜中所含的氣味成分不是稱做蒜氨，因為成分中含有硫磺，所以統稱為硫化物，或者硫化化合物。

經實驗證實、蔥屬科蔬菜所含硫化物，不論何者均有抗氧化效果。以大蒜與洋蔥為對象的研究則顯示，硫化合物具有以抗血栓為首的多種可期健康效果。

Q109

洋蔥切過之後營養價值會改變嗎？

切洋蔥會讓人流眼淚。這是因為細胞被切斷後酵素開始作用，在刺激下，產生了某種硫化合物(含有硫磺成分的化合物）從細胞中揮發出來所致。切過的洋蔥含有本身就存在的硫化物，與切過之後新生成的硫化物，兩者均有抗氧化作用與抗血栓等有助於預防生活習慣病的效果。

洋蔥依照切法不同，新生成的硫化物含量會有差異。洋蔥的纖維從頭部往底部生長，成為骨骼支撐組織。細胞為縱長形沿著纖維縱向並排，也因此與纖維呈直角切下比起沿著纖維切開會切斷的細胞數量更多，這些切開的部分便會產生新的硫化物份量會更多。在此也讓我們思考一下，除去這些新生成的成分以外，切這件事對於營養面會帶來什麼樣的效果。

加熱調理的情況

洋蔥富含糖份，以及蔥類特有的氣味成分之硫化物有增強味道的效果，所以透過加熱可以增加甜味與鮮味等成分。在烹煮時如果將形狀煮的越軟爛，從細胞中被釋放的營養成分就越多，不僅增加風味營養效果也更高。大家都知道洋蔥當中含有豐富果寡糖(Fructooligosaccharides）在腸內特別有促進比菲德氏菌繁殖的效果，使用大量的洋蔥煮成糊狀的燉煮料理，對於調整腸內環境很有幫助。如果希望洋蔥帶來這樣的效果，與纖維呈直角切短可以縮短烹煮時間。

生食的情況下

洋蔥的辣味成分，是切過之後產生的硫化物。為了要除去辣味，常會在切絲後泡水，但是這樣一來不僅是硫化物，連其他的果糖、水溶性維他命類、鉀等都會流出，在營養面來說是極大的損失。

如果要消除辣味，可與纖維呈直角切薄，盡可能切斷多些細胞，直接靜置片刻可以將辣味一部份揮發掉，這樣一來便可以抑制其他營養成分流失。

Q110

芝麻磨過之後營養價值會增加嗎？

芝麻為一年生草本植物，我們將他的種子作為食物利用。芝麻的外側有堅硬的種皮，其營養成分被閉鎖在其中。種皮主要的成分為食物纖維，所以人體的消化酵素無法分解，再加上芝麻顆粒小不易被牙齒磨碎，所以幾乎直接原封不動經過小腸抵達大腸連同糞便被排泄出體外。也就是說，如果是顆粒的形狀其營養成分無法被人體吸收。所以如果用研磨缽破壞種皮讓營養成分外露，便可以被消化吸收。

米、小麥與芝麻相同是被種皮包覆的種子，以原本的形狀攝取澱粉無法被消化吸收。所以如果是白米的話要先從糙米除去外皮精米後變成白米，小麥的話則是連同外皮碾成粉。

此外，亦有人考量營養後捨白米食用糙米。從食品成分表中不難得知糙米比白米的鐵質與礦物質含量更高，但是，礦物質被種皮包覆不易被消化吸收，並非可以得到期待中的營養含量。此外在米糠中所含之植酸（Phytic acid）是阻礙礦物質（鐵、鈣質、鎂、鋅等）吸收的成分。如果從營養素的吸收率考量，比起糙米我們從胚芽米或白米可以攝取的營養素可能性更高。

Q111

蔬菜燙過之後營養成分會流失嗎？

蔬菜汆燙最主要的目的是，破壞組織使其軟化以及除去澀味。

蔬菜就算是生食基本上營養成分還是可以被人體利用。但是透過加熱破壞細胞，讓細胞內的成分容易外露也可以增加人體的吸收率。蔬菜的細胞被細胞壁包圍，而細胞壁與細胞壁之間是類似糨糊一般黏在一起的構造。細胞壁主要的成分為纖維素等食物纖維，而將細胞壁們黏在一起的主要成分為果膠等食物纖維。也因此存在於細胞內側的營養成分被細胞本身的食物纖維阻隔，這樣是無法全數被腸道吸收的。但是透過加熱破壞細胞壁，營養素的吸收將會大幅提升。但是另一方面汆燙的過程中水溶性的鎂與維他命類、多酚類等微量成分將會溶入水中，而鐵質鈣質等礦物質也會流失，在營養面造成損失。

流入水裡的營養素份量取決於蔬菜種類、切法與細胞壁被破壞的程度。從根莖類的礦物質含量進行調查的研究中指出，以越大的火力加熱、加熱時間越長、燙菜水的水量越多、礦物質流失越高，例如切成5mm厚度的白蘿蔔水煮10分鐘，水溶性的鉀約有65%、鐵約為17%流出。葉薄組織柔軟的葉菜類細胞較容易被破壞，所以以水汆燙後不難想像流失程度高過根莖菜類。

菠菜或竹筍、蜂斗菜等帶有澀味的蔬菜，汆燙後澀味成分流出，所以可以消減怪味與苦味變得好吃，但水溶性的營養成分也流失了。

但是蔬菜透過汆燙會讓組織變軟，份量也會大幅縮水，所以可以吃的比較多。雖然汆燙會損失一部份的營養，但是可以吃多一點，就結果來說被送進身體裡面的營養含量也比較多。

Q112

請教綠黃色蔬菜可以留住較多營養的汆燙方法

不僅是綠黃色蔬菜，蔬菜燙過之後水溶性的維他命B、維他命C、鉀、澀味成分等會從細胞中流入水裡。想留住較多的營養成分最基本的重點就是不要泡在水裡太久。水煮的時間越短或者煮後泡在水裡的時間越短，營養便可以留住越多。

在燙蔬菜時以調理筷或者杓子攪拌可以讓蔬菜較快導熱，可以縮短汆燙時間。澀味較少的小松菜、綠花椰菜、茼蒿、油菜花、韭菜等，不需要以太多水分，以少量的水或蒸或煮、或以微波爐加熱都不錯，這樣的話可以留住較多的營養成分。

此外，並非所有蔬菜燙過之後都需要浸泡冷水。澀味較少的蔬菜只要不要疊在一起攤開放涼即可。這樣一來不僅營養成分與美味成分都可以保留下來，也不會弄得湯湯水水。不泡水的話要將餘熱會有持續加熱的作用考量進去，縮短汆燙時間在還不太軟的時候撈起，也可以保持顏色鮮豔。

● 綠黃色蔬菜所含維他命C烹煮後的損失　殘存率(%)

	生	汆燙	煮	微波	炒	炸
高麗菜*1	100	44	13	92	68	—
青椒*1	100	83	24	72	74	64
綠花椰菜*1	100	45	19	71	77	66
菠菜*1	100	19	—	68	68	—
塔菜的葉子*2	100	40	—	75	78	—
塔菜的菜梗*2	100	74	—	96	99	—
青江菜的葉子*2	100	65	—	74	98	—
青江菜的菜梗*2	100	92	—	83	97	—
蒜苗*2	100	97	—	98	100	—

＊1　Yamaguchi.T.et al：J.Cookery sci., 49,127-137(2007)
加熱條件100～200g的蔬菜，汆燙2～5分鐘、煮：1個小時、
微波爐：3分、炒：2～3分、炸：1～1.5分

＊2　酒向史代與其他：調理科學、29,39-44(1996)
加熱條件540～750g的蔬菜，汆燙2.5分鐘、炒：3分、
微波爐：1分20秒～1分40秒

Q113

麵類等澱粉食品燙過之後營養會產生什麼變化呢？

麵線或烏龍麵、拉麵、義大利麵等麵與米的主成分為澱粉。澱粉在生的狀態下無法被人體的消化酵素分解，所以無法被體內吸收變成營養素被利用。但是如果將生的澱粉加熱後分子構造改變（α化）（糊化），就可以被消化吸收。也就是說麵等煮過之後澱粉的消化與吸收會變好。但是澱粉的α化需要一定的時間，所以水煮的時間過短α化不完全，這會造成吸收率下降，所以在體內的利用率也會變低。此外、根據實驗證實透過水煮從麵條等釋放出一部份的澱粉溶於水中份量約有將近一成左右。

馬鈴薯、與芋頭、地瓜等薯類主成分為澱粉，加上原本含水量豐富，所以僅需加熱便可以α化，不需要水煮用烤的也可以被消化吸收。

白腎豆、蠶豆、大紅豆、虎豆、紫花豆、紅菜豆等菜豆科的豆類，主要成分也是澱粉。乾貨的豆類如果沒有充分浸水之後再加熱，澱粉沒有α化將無法被消化吸收。此外，這些豆類含有稱為凝集素（Lectins）的成分，生食或者加熱不足的狀態下食用過量，將會引起噁心、嘔吐、下痢、腹痛等中毒現象發生。凝集素以75℃加熱後仍殘留毒性，通常的烹煮法是充分浸泡水之後先以沸騰的狀態煮5～10分鐘，或炒15分鐘以上便不會有中毒之虞。

Q114

蔬菜的澀味泡渣中真的含有營養成分嗎？

蔬菜豆類等水煮時熱水的表面會浮著一層白色的小泡泡。這些就是泡渣。泡渣這個詞並非在文字上被定義的字面意思，而是指色、香、味等，在食用時感到不愉快的成分。

蔬菜中是指菠菜、竹筍等的苦味成分，牛蒡與變色相關的成分，黃豆、紅豆等豆類的澀味成分等。形成泡渣的成分有許多，顯示苦味的有阻礙鐵質吸收例如草酸般對健康不是太有益的成分，也有對健康有益的成分。在此介紹對健康有益處的成分。

造成變色的成分—綠原酸（Chlorogenic acid）

牛蒡與地瓜、山藥、蓮藕、蜂斗菜等帶有苦味與澀味，切開後切口會變成茶色。與此變色相關的成分正是與咖啡中以澀味成分為人所知的綠原酸，多酚的一種。切口之所以會變色，是因為細胞被切斷後綠原酸與空氣中的氧接觸產生氧化現象。

綠原酸為抗氧化物質，具活性氧無害化的作用對抑制老化進行與預防動脈硬化有可期效果。此外綠原酸在動物的實驗結果上顯示對於肝癌、口腔癌、大腸癌等發生有抑制效果。

起泡的成分—皂苷（Saponin）

豆類的澀味與苦味成分為皂苷。皂苷溶於水後會與肥皂相同起泡。其構造依植物種類有各種形式。

皂苷對於抑制發炎反應與炎症性疾病的預防有其效果，而在降低血液與肝臟中膽固醇作用方面已在動物實驗中得到證實。

苦味顯示成分—礦物質

以具改善、預防高血壓效果而廣為人所知的鉀，也會有產生讓人不愉快味道的時候。生的蔬菜中鉀含量超過 0.9 ～ 1.0% 左右，已知濃度只要超過 0.5% 便會產生澀味。

根據報告指出不僅是鉀，鈣與鎂等也會產生苦味。蔬菜中所含礦物質總量超過 1.5% 以上便會有強烈的澀味產生。

類似這樣食物中所含泡渣有些有助於健康，並非每次都除去會比較好，在烹調時兼顧美味與健康是很重要的。

Q115

“煮”與“燙”—可以獲得的營養量會所差異嗎？

在煮的過程中所產生的現象，基本上與燙是相同的，煮物的湯汁比起燙所使用的水，鹽分含量要高，而鹽有脫水的作用，食品中所含成分更容易流出。一般來說、煮物的湯汁鹽分濃度越高營養成分流出的量越多，薯類等的澱粉食品則是例外。其理由是因為澱粉透過加熱會吸水膨脹，進而α化（Q113）變成糊狀，所以水溶性成分不易從細胞中流出。

如果想透過煮這個烹調方法留下更多的營養份，應該是連同湯汁也能一起攝取的料理，例如湯（湯，味噌湯等）會比較好。此外使用較少的湯汁煮，或者將煮汁濃縮，或者添加澱粉（麵粉、太白粉、葛粉等）勾芡，便可降低損失。但是連同煮汁一同攝取時也會吃進鹽分，所以在調味方面要稍加注意才好。

Q116

透過蒸煮烹調是不是營養成分較不易流失？

蒸這個過程，是透過水蒸氣與100℃以下較低溫的食物接觸時變成水之際所釋放的熱能（氣化熱）加熱。食品的溫度無法達到100℃以上這一點與水煮相同，較大的差異在於食物沒有泡在水裡面。蒸煮時食物所接觸到的水，僅有水蒸氣變成水滴滴落在食物表面的而已。這些水滴也會將水溶性的鉀或維他命類等溶出，但是份量非常少。食品表面面積越大時營養素的流失越多。也就是說就算是相同重量的食品，切碎切小後蒸煮營養的損失較大，一整塊直接蒸損失會較小。

而實際上以綠花椰菜為例，對水溶性維他命B群之一的葉酸含量進行調查的實驗中顯示，蒸煮後葉酸幾乎不會流失，如果是以水燙過隨著加熱時間增加，時間越長流失越多，汆燙10分鐘左右約會失去60%。

另一方面蒸煮調理食物接觸水分的量較少，所以澀味等令人不快的味道與氣味成分會直接保留。所以例如竹筍與青背魚等氣味較強烈的食材，則不適合這樣的調理法。

Q117

請教油炸料理的營養特徵

提到油炸料理，比起營養更多人關心的是熱量(卡洛里)。在油炸的過程中，除了食物表面的水分蒸發，在脫水的部分會滲入油脂產生水與油交替的現象。

一般來說炸的又膩又油的油炸料理會給人熱量高感覺，但實際上炸的又酥又脆的麵衣會吸附更多油脂，熱量更高。炸物會產生厚重油膩的感覺是因為食物中的水分沒有完全被蒸發殘留、周邊沾上了油的緣故。此外，油脂不僅僅只是熱量高，維他命E的含量也很豐富。透過油炸料理攝取油脂，這部分便可以獲得維他命E。

炸油一般來說是120～200℃的高溫，加熱時間短所以可以推論維他命的破壞也較少。另一方面，食品浸泡在油中的狀態下，存在食品中一部份的脂肪與脂溶性維他命(維他命A、D、E、K)與β胡蘿蔔素會被油溶出。例如炸鯖魚塊等脂肪中所含一部份之二十二碳六烯酸(Docosahexaenoic Acid，縮寫DHA)與二十碳五烯酸(Eicosapentaenoic acid, 縮寫EPA)；炸雞塊則是一部份的膽固醇與雞皮部分含量豐富的維他命A等；炸雞蛋則是一部份蛋黃中富含的卵磷脂與膽固醇、維他命A等；乾炸胡蘿蔔時則有一部份的β胡蘿蔔素溶出。油炸會使得一部份對健康有益的成分流失。但是例如炸豬排或炸蝦排等以裹上麵包粉，天麩羅滾上麵衣再炸，營養素應該幾乎沒有損失。原因在於食品被厚厚的麵衣包覆並不直接與炸油接觸，在油炸的過程中肉汁等就算流出基本上也會被麵衣擋住不會溶入油中。最後，油炸時食材沾上油脂，也有助提高食材中所含脂溶性β胡蘿蔔素與維他命的吸收率。

Q118

食物經燒烤後營養成分有什麼變化呢？

燒烤這種烹調法可大致分成三大類。第1類是利用平底鍋等烹調器具導熱加熱的方式，第2類為以碳火或瓦斯火的放射熱(輻射熱)直接加熱食物的方式。第3種是以烤箱等密閉加熱管所產生的放射熱或高溫空氣將食物加熱、或是透過放置食物的烤盤傳導加熱的方式。不論何者均為食物表面溫度上升水分蒸發，超過100℃的部分在化學反應發生後產生褐色物質。出現在食品表面的群聚褐色物質這樣的狀態，我們通常稱為上色或者烤痕。

烤肉、烤魚、煎蛋捲、烤地瓜、烤蔬菜、烤鬆餅、烤土司等，食品透過烤所發生的烤痕大部分是，因糖與氨基酸所產生的氨基羰基反應(Amino-carbonyl reaction)所致，其反應下所生成的褐色物質稱之為蛋白黑素(Melanoidin)。近年來發現蛋白黑素是一種抗氧化物質。此外，氨基羰基反應(Amino-carbonyl reaction)在不加熱的情況下也會發生，例如以常溫儲藏下所製造的味噌或醬油的顏色也是此種反應下的產物。

蘆筍與高麗菜等滋味清淡的蔬菜透過燒烤，會感到甜味與鮮味增強。這是因為透過燒烤蔬菜中的水分流失，糖份與鮮味成分被濃縮，以及熱能破壞細胞，糖份與鮮味成分從細胞中釋出，與味蕾(感受味覺的部分)更容易接觸所致。

肉類與蔬菜使用高於100℃的高溫燒烤時，溫度越高加熱時間越長維他命B_1與B_2、以及維他命C等維他命類的損失會越大。在以烤箱燒烤

2個鐘頭的英式烤牛肉實驗中發現，與燒烤前相較維他命B_6的損失約為20%，維他命B_2約有50%的減少。另一方面維他命E則是以200℃的高溫也不會被破壞。

Q119

食品透過熱炒營養成分會有什麼變化呢？

熱炒這種烹調法，是將食材放入佈滿油脂的鍋中一邊拌炒一邊加熱的烹調方法。在炒的過程中熱能透過鍋子與油脂兩方對食品加熱，食品的表面與油炸相同會產生水與油脂交替的現象，食品被油膜包覆。

熱炒與油炸的過程中相同的對食物施加油份，所以熱量（卡洛里）雖然高，但相對的也能攝取油脂中所含對健康有益成分。此外脂溶性維他命（維他命A、D、E、K）與 β 胡蘿蔔素的吸收率也會因為油脂作用而提升。

熱炒時以高溫加熱，所以與燒烤相同以熱破壞細胞，烤痕出現時抗氧化物質蛋白黑素（Melanoidin）也會產生（Q118），快炒時蔬菜等雖會留有適當的口感，但是細胞並未完全被破壞，與炒成與煮物相同的柔軟度相較，細胞中的成分不易流出，在腸道中營養成分能被吸收的程度與煮物相較若干顯得遜色。

相反的熱炒時間越長，細胞被破壞後增加營養吸收率，但是從食物當中水分流出，也會流失一部份水溶性的鉀、維他命類（B群、C）、氨基酸等。在這種時候，可以使用澱粉（麵粉、太白粉、葛粉等）勾芡，或者加入冬粉等吸收水分，這樣便可以抑制營養素的損失，使用冬粉時，最重要的是不要事先泡水還原，直接以乾燥的狀態使用。

Q120

以微波爐加熱食品，營養成分會有什麼變化呢？

微波爐是食物接收了以稱為多腔磁控管(Magnetron)所產生的微波(Microwave)，讓食物自體發熱後加熱的調理機器。不論是燙、煮、蒸、烤、炸、烤都是熱源從食品表面傳導熱能，所以加熱至食品中心需要花費一些時間。但是以微波爐加熱則是電磁波直接侵入食品內部後轉換成熱能，所以食品的溫度上升極快，可在短時間內加熱完成。

微波主要是被食品中的水分所吸收，所以食品本身的溫度基本上不會超過100℃。也因此以微波爐烹調不會有烤痕。就烹煮完成的外觀與營養面論，與使用蒸煮烹調很接近。

微波爐不需使用水，食物溫度基本上不會超過100℃，也因此加熱時間短，營養素幾乎不會流失。與營養流失有關的僅有自食物本身蒸發的水分變成水滴後流出，溶入水裡的水溶性成分。添加含有鹽分的調味料加熱時，鹽有脫水效果所以自食物本身流出的水份量會增多，水溶性成分的損失也會變大。

Q121

維他命C加熱後會被破壞是真的嗎？

維他命C常被說怕熱，但是如果不與氧氣接觸耐熱能力則強，已知在超過190℃的時候會被分解。水煮或是以湯汁加熱時不會超過100℃，也不太會與氧氣接觸。透過水煮與燉煮時所流失大量的維他命C，並不是因為維他命C被破壞，而是因為維他命C是水溶性，溶入水中所致。

油炸時也有以將近200℃的高溫油炸，油中的食品不易與氧氣接觸，加上加熱時間短所以維他命C幾乎不會流失。

熱炒與油炸相同，加熱時間短，但是在熱炒的過程中，食材一直與空氣接觸，所以以熱炒烹調與油炸不同，會發生維他命C的耗損。但是即便是耗損也並非是很大的損失。在將中式蔬菜熱炒3分鐘後調查維他命殘存率的研究中顯示，青江菜為97%（莖）～98%（葉）、塔菜為78%（葉）～99%（莖）。而同一研究中以汆燙2分鐘的方式，結果則是青江菜為65%（莖）～92%(葉）、塔菜為40%(葉）～74%(莖）。損失要比熱炒來的高。

可想而知，加熱的烹調法中，依食物的種類與加熱條件維他命C的損失程度亦有差異。由於是食品與空氣直接接觸，以高溫長時間加熱，所以比起其他加熱法損失要大的多。

Q122

生魚片、烤魚、煮魚—何者可以攝取最多營養呢？

魚類的營養特徵為，魚肉富含蛋白質、皮與脂肪則富含鋅與膠原蛋白，血合肉多含鐵、維他命B_1、B_2。不論是生魚片、烤魚、煮魚在各式各樣的調理過程中營養素都會流失。所以加入這些變因，思考實際吃進口中時能獲得的營養素含量。

魚類或煮或烤，從魚肉會流出肉汁與脂肪。肉汁中含有氨基酸與水溶性維他命，而脂肪中富含有對生活習慣病預防有益的二十二碳六烯酸（Docosahexaenoic Acid，縮寫DHA）與二十碳五烯酸（Eicosapentaenoic acid, 縮寫EPA）等不飽和脂肪酸與脂溶性維他命。如果加熱的話，這些營養素的一部份必然會流失。另一方面，生魚片是生的所以可以攝取魚肉部分所有的營養素，但是被除去的魚皮部分的營養素就無法被攝取。

煮魚時如果加入少量的醋，從魚骨會釋放一部份的鈣質，所以可以增加鈣質攝取量，醋也有提高鐵質與鋅等礦物質吸收率的效果。如果是烤魚的話，淋上帶有酸味的柑橘醋或檸檬等，魚皮中高含量的鋅，也會被人體有效率吸收。

然而、每種魚依照鮮度與種類不同，各有適合的烹調法。比起執著於單次餐點中的營養素攝取量，不如思考如何讓手邊有的魚類吃的更美味，增加攝取機會，就結論來說魚裡面所含之有益健康成分的攝取量也會增加。另外、魚的主要成分蛋白質消化時間，生魚片最短，煮魚次之烤魚所需時間最長。消化時間越短對胃部造成的負擔越小。

Q123

熱熱的白飯與冷飯的營養價值會改變嗎？

剛煮好的熱騰騰的白飯晶瑩剔透又黏又軟，非常好吃。但是冷卻後透明感盡失。比較常見的是冷飯以冷藏保存後，不僅沒有透明感、又硬、又鬆又乾，美味減半。像這樣發生在米飯上的變化，與米的主成分澱粉的分子構造有關，此變化左右了消化與吸收。

澱粉為許多葡萄糖結合而成，所以需以消化酵素分解成1分子的葡萄糖後由小腸被吸收。生的澱粉有著連水分都無法滲透的緊密構造，在富含水分的消化液下產生作用的消化酵素無法深入其構造內部，所以無法對澱粉產生分解。但是生的澱粉只要加水加熱後，澱粉的緊密構造會鬆開，外觀為半透明的糊狀（α化）。這樣消化酵素就可以產生作用，澱粉就會被消化吸收，成為身體的熱量來源被利用。α化後的澱粉置於室溫中，澱粉中的一部份會再度還原成緊密的構造（老化），再次變成不易讓消化酵素產生作用的狀態。老化後的澱粉與生澱粉稱為抗解澱粉（Resistant starch）（RS），在體內與不溶性食物纖維具有相同作用。

從上述澱粉的性質可以得知，熱熱的白飯澱粉容易被吸收，基本上可以被身體作為熱量利用，但冷飯中一部份的澱粉轉變為RS，所以不易消化。雖然說是冷飯，也有略略降溫的、或者以冷藏保存變硬的各種狀態，不論何者吃的時候如果感到跟熱熱時的白飯口感不同，就是因為澱粉的一部份變成RS狀態，與熱熱的白飯口感差異越大RS化的量就越多。但是，將熱熱的白飯直接以冷藏保存（4℃）24小時變成冷飯的RS量也僅有3%左右。從營養面來看熱熱的白飯可以轉化成熱量的澱粉含量豐富，冷飯雖不易消化但食物纖維卻變得豐富。

此外、已知澱粉的老化越接近0℃越旺盛，在酸性環境下也會迅速進行。醋飯靜置片刻後與普通白飯相比，更硬更鬆也是這個緣故。

Q124

為什麼烤過的地瓜會比蒸過的地瓜更甜？而變甜的部分是不是卡洛里也變高？

地瓜的主要成分為澱粉，富含稱為澱粉糖化酶（β amylase）的澱粉分解酵素。此酵素在加熱時會分解澱粉變成麥芽糖（Maltose），所以甜味會增加。比起烤，用蒸的酵素作用時間要更長所以甜味會增強，而變甜之後熱量（卡洛里）並不會改變。理由在於僅是澱粉的一部份轉化成糖而已。澱粉與糖均為碳水化合物，兩者的熱量1g均為4kcal。

想做出甜味高的烤地瓜，僅需盡可能延長燒烤時間讓澱粉大量的轉化成麥芽糖即可。澱粉糖化酶旺盛作用的溫度約為50～55℃之間，而可以作用到80℃左右。也就是說，重點在於只要將地瓜保持在這個溫度帶，盡可能延長加熱時間即可。在將地瓜（300～400g）切成6等分以蒸與烤的方式進行比較的實驗中，烤的溫度上升和緩，停留在酵素可作用溫度帶時間增長，得到麥芽糖的含量會比蒸的時候高出1.5倍的結果。

此外已證實地瓜不要切太小，以完整的1根加熱時，並不太會受到加熱方法的影響，糖量幾乎相同。但是，使用微波爐以短時間加熱則不在此限，以微波爐加熱時酵素通過作用溫度帶的時間很短，就算是使用大尺寸的地瓜，比起以烤或蒸的方法來說糖量約僅有一半左右。

Q125

帶骨的魚或肉浸泡在醋裡面鈣質會增加嗎？

魚或肉的骨頭根本就是鈣質塊，但是因為很硬所以無法直接食用，也因此大多被丟棄。但是如果在烹煮沙丁魚等小魚時加入醋或者梅干，或先炸過再浸泡在甜醋裡做成南蠻漬般的料理，鈣質將會溶出骨頭變得柔軟，連骨頭也都可以吃。魚骨便可成為貴重的鈣質供給源。

以酸性的湯汁浸泡骨頭讓鈣質溶出這樣的現象，不僅在魚上面，在肉上面也會發生。帶骨的雞翅加上醋或者檸檬汁燉煮的實驗中發現，骨頭雖然還是不能吃，但是鈣質確實的溶出了。溶出後的鈣質會跑進肉或煮汁當中。此外，報告中也顯示雖然相同是帶有酸味的食物，比起醋使用檸檬汁可以讓鈣質溶出更多，肉中所含鈣量為加熱前的2倍，煮汁中約有14倍。煮汁中原本的PH值越低(酸較多)烹煮的時間越長，鈣質溶出量越多。如果想連同浸泡的湯汁或煮汁中的鈣質一同毫不浪費的攝取，可以使用較少量的浸泡湯汁或者將煮汁煮稠、以澱粉(麵粉或太白粉、葛粉等)勾芡連同肉類一起食用。

Q126

請教活用辛香料或香草營養成分的料理訣竅

世界中約有350種以上的香料(香草、辛香料)等，有增添料理風味，消除魚或肉的腥味，增進食慾、色素上色等作用，廣為世界各地所利用。而其中也有具有藥效的為醫療品所用。

近年來、發現在多數的香料中含有抗氧化效果。而其中以丁香、迷迭香、多香果、薑黃、鼠尾草具有強烈的抗氧化作用。而亦有許多報告顯示，大蒜、生薑、牛至、百里香、迷迭香等具防癌效果的可能性極高，香料有助於生活習慣病的預防非常值得期待。

已知香料的抗氧化作用，在加熱的過程中會減退。在咖哩烹煮過程中，香料抗氧化效果變化的研究調查中顯示，咖哩在烹煮階段中香料拌炒5分鐘後抗氧化力下降約50%，將咖哩塊與食材一同燉煮10分鐘約會下降20%。實驗結果顯示出，香料的抗氧化力隨加熱溫度越高以及燉煮時間越長會減弱。

但是香料透過加熱會產生香味，此香味有助食慾，料理可以變得更好吃也是事實。將這些結果放在心上，盡量避免不必要的過度加熱，聰明的將香料溶入飲食中。

Q127

請教如何有效率的沖泡出茶葉中好成分的方法

綠茶與中國茶，含有具有提神醒腦提高效率的咖啡因，以有益健康的兒茶素、具放鬆效果的單寧與維他命C等。這些成分溶出的量(抽出量)，依水溫與沖泡時間而異。

根據報告指出，茶葉中的澀味成分咖啡因有使中樞神經興奮的作用，對於提神與腦部作業的效率與運動能力均有提升效果。咖啡因在水溫越高以及沖泡時間越長的情況下抽出量越高。

茶葉中澀味成分的源頭—兒茶素是多酚的一種。具有強力的抗氧化效果，近年來也相繼有報告顯示，對於癌症發病的抑制以及降低血中膽固醇濃度與抑制血糖值上升、還有抗過敏等方面均有效果。兒茶素與咖啡因相同在水溫越高以及沖泡時間越長的情況下抽出量越高。

茶葉中的甘味與鮮味成分茶氨酸(L-Theanine)，是氨基酸的一種。在動物實驗上發現，對於血壓上升具有抑制效果，以人體為對象的研究中顯示，茶氨酸對於α波(放鬆時會增加的腦波)有增加釋放頻率，以及有助於提高掌管放鬆作用的交感神經活性化。在心神不寧與想放鬆時，茶氨酸似乎可以發揮效果。茶氨酸與咖啡因不同在較低溫時也會溶出。以低溫長時間沖泡，茶氨酸含量較高，兒茶素與咖啡因較少，會讓茶湯的風味變得甘甜強烈。

將水與綠茶葉放入瓶中置於冷藏室3個鐘頭以上，可以泡出茶氨酸成分較高的茶。瀝乾後茶葉不要丟棄，此次以高溫沖泡，茶葉中殘留的咖啡因與兒茶素會溶出，變成澀味較強的茶湯。

　此外，以硬度較高的礦泉水泡茶，茶葉的成分較難被溶出（Q67）。

● 茶與咖啡中的營養成分與健康效果(抽出液100g中含量)

成分名	玉露(綠茶)	煎茶(綠茶)	番茶(綠茶)	焙茶(綠茶)	烏龍茶	紅茶	咖啡	可期與主要健康效果
咖啡因(mg)	160	20	10	20	20	30	60	提神、提升用腦作業效率 提升運動能力、抑制注意力降低、改善血液循環、利尿 抗氣喘、促進體脂肪分解
單寧(mg)(主成分為兒茶素)	230	70	30	40	30	100	—	抗氧化(預防動脈硬化) 降低血中中性脂肪、降低血中膽固醇濃度、抑制血壓上升 抑制血糖值上升、防癌 抗過敏、抗血栓、抗菌
鉀(mg)	340	27	32	24	13	8	65	鈉排泄(預防高血壓)
鐵(mg)	0.2	0.2	0.2	0	0	0	0	改善並預防貧血
錳(mg)	4.6	0.3	0.2	0.3	0.2	0.2	0	活化各種酵素、抗氧化 維持骨骼與牙齒的健康 抑制血糖值上升等
維他命 B_2(mg)	0.11	0.05	0.03	0.02	0.03	0.01	0.01	促進成長 維持皮膚與黏膜的健康、口內炎、口角炎等預防與改善
葉酸(ug)	150	16	7	13	2	3	0	預防並改善貧血 預防動脈硬化
維他命C(mg)	19	6	3	0	0	0	0	抗氧化(動脈硬化預防) 維持皮膚與黏膜的健康 抗壓力

＊表中成分以外綠茶含有茶氨酸

Q128

可以從食物以外的東西攝取營養嗎？

食品或燙或煮時，使用鐵製的鍋子會有鐵溶出，使用銅製的鍋子會有銅溶出。將從鍋子中溶出的鐵或銅與食物一同入口的話，會與原本食物中所含有的鐵或銅一樣從腸道被吸收，視為營養素被利用。

鐵在身體裡面有容易被吸收的二價鐵與不易被吸收的三價鐵。從鐵鍋溶出的多半是二價鐵，在動物實驗中發現，對於貧血有改善的效果。

以鐵鍋調理食物時所溶出的鐵量，以酸性調味料調味（味噌、醬油、醋、蕃茄醬、豬排醬等）帶有越強烈酸味的料理溶出量會越高，此外加熱時間越長，或者將料理放置其中的時間越長，溶出量也會越高。此外就算僅是煮滾水，也會從鐵鍋中緩緩溶出少量的鐵。積極使用鐵鍋烹煮各種料理，應該可以解決鐵質不足的問題。

鐵製的中華鍋是可以炒菜煮湯燉菜的萬能料理鍋，也可以用在烹煮和食或洋食，對於鐵質補充也是一個方法。但是如果以鐵弗龍或樹脂加工過沒有露出鐵表面的鍋具，鐵質將不會溶出。

Q129

香菇受日光照射後營養成分會增加，是真的嗎？

生的香菇中含有維他命D與維他命D前趨物質（Provitamin D）麥角固醇（Ergosterol）。維他命D前趨物質是一種受紫外線照射後會轉化成維他命D的成分，如果是以維他命D前趨物質的型態將無法與維他命D具有相同作用。乾香菇中含有豐富的維他命D，這是因為香菇受日曬，將生香菇中所含維他命D前趨物質轉換成維他命D之故。香菇以外的菇類也同樣含有維他命D前趨物質，所以買回來之後照射日光會使維他命D含量增加。此外人的身體也同樣的在曬太陽之後會在體內合成維他命D。

不受日曬栽培的菇類，幾乎不含維他命D但卻含有維他命D前趨物質。在以生的香菇、鮑魚菇、金針菇的調查研究中顯示，照射紫外線3個鐘頭後的維他命D含量（乾燥重量100g中含量）香菇增加了11ug、鮑魚菇為30ug而金針菇則是62ug，特別是瞭解了金針菇的維他命D大量的

被合成。照射日光時的增量雖不如紫外線，但維他命D含量確實有增加。此外乾香菇的維他命D含量（乾燥重量100g中）為16.8ug。

也有乾燥的香菇以太陽光以外的方式如熱風乾燥，熱風乾燥僅與生香菇的維他命D含量相同。但是熱風乾燥後的香菇若照射太陽維他命D含量則會增加。

其他的蔬菜，基本上並沒有可以透過日曬增加營養素含量的。不僅如此，維他命中的維他命K與維他命B_6、葉酸等怕光，推論在日曬後反而一部份的維他命類會被破壞。

Q130

大豆的煮豆與納豆營養成分不一樣嗎？

煮大豆是先以水泡軟豆子後與調味料一同將湯汁煮進豆子裡，納豆是將蒸過的大豆加上納豆菌發酵後製成。兩者雖然原料都是大豆，但營養成分的種類與份量卻不一樣。

煮豆所含營養份為大豆本身的營養成分（Q47）以及調味料中的鹽分與糖份等。浸泡在湯汁的狀態下煮熟，水溶性的維他命B群與鉀、多酚等會流出一部份，這部分的營養會流失。

另一方面納豆在納豆菌的作用下，比起原本的大豆，維他命B_2、維他命B_6、與維他命K的含量增加。其增加量依納豆菌的菌種、發酵時間雖有所差異，但根據報告指出，維他命B_2的含量約為5.2倍，而維他命K竟有高達124倍之高。此外，納豆菌透過製造出來的蛋白質分解酵素作用，會分解一部份的大豆蛋白質變成肽與氨基酸，所以在特徵上會比煮豆更容易被迅速的消化吸收。不僅如此，一部份的不溶性食物纖維也會被分解成水溶性食物纖維。

變成納豆後一口氣增加的維他命B_2是熱量代謝時不可缺少的，對於皮膚黏膜的健康與維持有益，缺乏時會導致口內炎、口角炎等症狀。

維他命K有促進凝血作用。因為具有促進鈣質在骨骼中沈澱的作用，對於骨頭的健康與維持有益，已被用於骨質疏鬆症的治療藥品。此外同為發酵食品，優格與起司中所含乳酸菌，酒與味噌等中的酵母則無法製造出維他命K。

納豆在發酵的階段中會產生納豆激酶(Nattokinase)與吡啶二羧酸(Dipicolinic acid)以及聚肤氨酸(PGA, γ-Polyglutamic Acid,)。納豆激酶是與血栓溶解相關的酵素，在近年的研究報告中顯示，對於血栓有預防的效果。而吡啶二羧酸具有抗菌作用，在試管實驗中顯示，對於病原性大腸菌O157以及與胃癌發生相關的幽門螺旋菌(Helicobacter

pylori）等細菌類有抑制繁殖的作用。聚肽氨酸為穀胺酸（氨基酸）多數結合後的物質，也是納豆的黏性成分。此成分在小腸內會阻止鈣質與磷結合成不溶性物質，所以對於促進鈣質吸收有益。此作用已被厚生勞動省許可為「有助鈣質吸收食品」為特定保健用食品（トクホ）所利用。

納豆是比大豆具有更多可期健康效果的食品，從這點來看在營養面上納豆的勝算往上提升。但是煮豆多數與昆布等搭配調理，或做成五目豆一般加入胡蘿蔔、蒟蒻等，所以亦可攝取其他從大豆與納豆身上無法取得的營養成分。

● 大豆做成納豆後增生的成分與健康效果

	成分	可期健康效果
增量成分	維他命B_2	促進熱量代謝、促進成長、維持皮膚與黏膜的健康、口內炎、口角炎等預防與改善
	維他命K	出血時的凝血作用、預防骨質疏鬆症
	水溶性植物纖維	降低血中膽固醇、抑制血糖上升、抑制血壓上升、善玉菌增生（整腸作用）、預防便秘、緩和胃發炎症狀。
新增成分	納豆激酶	預防血栓
	吡啶二羧酸	抗菌（抑制幽門螺旋菌增生）
	聚肽氨酸	促進鈣質吸收。

Q131

蔬菜會因保存方法而改變營養價值嗎？

蔬菜在採收後還有生命，在保存期間持續呼吸。蔬菜與人相同，利用呼吸時所吸取的氧氣分解糖份等營養素製造能量，維持生命。保存時的糖份與氨基酸、維他命類等含量會下降。

減少保存間營養素流失第1個重點是以低溫保存。在以各種溫度條件保存的生菜維他命C量測定研究中顯示，溫度越低維他命C與糖的損失越少。

第2個重點是濕度。實際上濕度所造成的影響大於溫度，濕度越高維他命C的損失越少，比較不容易枯萎。蔬菜以報紙或以沾濕的廚房紙巾包裹，或者使用保鮮膜包好放入塑膠袋中置於冷藏室中保存，提高濕度抑制營養成分的損失。以塑膠袋或保鮮膜包妥的蔬菜也具有抑制呼吸的作用，兼具雙重效果。

那如果是以冷凍保存呢？所謂的冷凍保存是以0℃以下的溫度冷凍食物的保存法，一般來說零下18℃左右的溫度為冷凍儲藏所利用。冷凍後的食品解凍以後，水分（水滴drip）會流出。這是因為食物細胞中的水分受凍後體積約會增加一成，組織的一部份會被破壞所產生的。解凍時的水分含有水溶性氨基酸、鉀與維他命類等，這些與營養素損失有關。冷凍的方法如果不好組織會被破壞，流出的水分變多，而這些便會造成較多的營養素流失。

Q132

請教蔬菜營養不流失的保存方法

蔬菜冷藏時的保存重點如Q131所述，以低溫高濕度保存，但其中亦有不喜低溫的蔬菜。從盡可能長時間保持鮮度與營養面來看，每種蔬菜都以最適當的溫度保存是很重要的。

茄子以低溫保存首先在外觀上會失去光澤，2～3日後會出現稱為腐蝕(Pitting)的茶色凹痕。像這樣在低溫下所產生的生理障礙(低溫障礙)，是因為在溫暖環境下培育的蔬菜在低溫下所引起的代謝異常現象。除了茄子以外，小黃瓜與青椒、地瓜、四季豆、蕃茄、秋葵、生薑都是容易發生低溫障礙的蔬菜。這些蔬菜不要放入冷藏室中，以保鮮膜包妥後置於陰暗的場所可以放久一點。但是如果是在室溫升高的夏季，或者如北海道一般的冬季低溫時，放入冷藏室中保存會比較安心。

而蔬菜冷藏時使用的放置方法，以站著橫躺或倒立等方式放置，發現不論是重量或維他命C含量，外觀與食用時風味等差異的研究結果中發現並無差異。但是如果是在室溫中保存時，若非以栽培時的姿勢保存，糖份會減少，而在壓力之下會產生較多氣體狀的促卵泡激素(Follicle-stimulating hormone)，變得容易受傷。所以在室溫保存時請以蔬菜生長的姿勢保存。此外、蔬菜保存期間越長維他命C的流失越多，所以以冷藏室保存時請留心不要將蔬菜放到都變老了。

香蕉、蘋果、酪梨等是容易產生乙烯(Ethylene)的水果。將它們置於冷藏室保存時請個別裝入塑膠袋中，緊閉封口。容易受到乙烯影響的有菠菜、高麗菜、綠花椰菜、美生菜、胡蘿蔔、小黃瓜，這些食物一接觸到乙烯便會轉黃開始腐壞。

● 各種蔬菜適合的保存溫度

22
未熟蕃茄
21

16
15
南瓜
生薑
14
香蕉
地瓜
13
12
小黃瓜
茄子
青椒
11
西瓜
10
成熟蕃茄
秋葵
芋頭
9
白蘭瓜
檸檬
臍橙
伊予柑
8
7
四季豆
6
5
哈密瓜
4
溫州橘
八朔柑
清見柑
馬鈴薯
3
2
1
豌豆、美生菜、白菜、小松菜、韭菜、白花椰菜、
高麗菜、香菇、菠菜、茼蒿、巴西利、綠花椰菜、白蘿蔔、
蕪菁、胡蘿蔔、洋蔥、大蒜、芹菜、玉米、草莓、無花果、
柿子、梨子、桃子、蘋果
蘆筍
0
溫度（℃）

參考「廚房的科學～兼具美味與健康的～」同文書院等製成

Q133

請教保有玉米甜度的保存方法

在日本所栽培的食用玉米是帶有甜味的品種(甜玉米)。甜玉米在採收之後蔗糖等糖份含量高非常甜，但是經過了一段時間之後糖份遽減，就變得不甜了。糖份減少的理由是採收後持續的呼吸作用消耗糖份，所以甜度高的蔗糖轉化成沒有甜味的澱粉儲存起來所致。

這些糖份的耗損，以冷藏保存可以達到某種程度的抑制，以0℃保存的話24小時之後糖份仍有九成以上。但是以0℃以上保存2～3日後甜味會消失。如果想將甜度保持到最大限度的話，應該是買回家之後盡早煮熟，煮熟保存會比較好。

玉米的加熱，連皮以微波爐加熱是最簡便的。實際上層層包覆的外皮可以取代保鮮膜，防止水分從玉米粒流失。此外以微波爐加熱營養幾乎不會流失，也不會像水煮一般濕答答的。無法一次吃完的部分連皮放入密封袋中以冷藏或冷凍保存，就可以維持購買時的甜度。

Q134

請教增加蕃茄的茄紅素的保存方法

綠色未熟的蕃茄放在室溫下有時會變成紅色。這個紅色是稱為茄紅素的色素所產生的強力抗氧化作用，已知對於生活習慣病的預防有幫助。蕃茄的紅色部分增加的越多，茄紅素的量越增加，而抗氧化作用也增強。

未熟的蕃茄是綠色的，這部分是稱為葉綠素(Chlorophyll)的色素。蕃茄轉為成熟時葉綠素分解隨著綠色消退茄紅素增加變成紅色。蕃茄可以製造出茄紅素是為了要保護自己避免因為受了紫外線照射以及光合作用下所產生的活性氧。

蕃茄在收成後也會因為壓力而產生活性氧，這種時候便會產生茄紅素。蕃茄在保存時持續熟成茄紅素會增加，但是並不是說保存溫度越高熟成越快。保持蕃茄持續熟成的最佳溫度為19～24℃，超過30℃或者10℃以下無法持續熟成。此外蕃茄變紅之後會讓人有甜度增加的錯覺，但實際上糖含量在收成時已經定型了，之後幾乎不會增加。會讓人感到似乎甜味增加的原因是在持續成熟的過中，檸檬酸減少所以相對的感到甜。

如果是室溫30℃以下，買回來的蕃茄直接置於廚房中，茄紅素會持續增加，而健康效果也會提高。但是轉紅到一定的程度後便不會再持續熟成，為了避免蕃茄變軟請放在7～10℃左右的環境保存。冷藏室的蔬果室大概是5～8℃左右，冷藏室為3～5℃左右，紅蕃茄應該是放在蔬果室中保存較好。

Q135

請教將水果催熟的保存方法

水果就算最初很青澀，時間久了就會變得又甜又軟。採收不完全成熟的水果，之後儲藏使其熟成的方法稱為追熟。多數的水果會因促卵泡激素（Follicle-stimulating hormone）（又或者稱為老化荷爾蒙）的乙烯的作用下持續追熟。最典型的例子為香蕉，我們在商店中看到的香蕉是黃色的，但採收時卻是綠色未熟的狀態。以此狀態運送到日本之後，儲藏在充滿乙烯氣體的房間中追熟直至最佳食用的狀態。

乙烯與氧氣相同為氣體，在植物體內有荷爾蒙的作用，促使各種酵素的活性化。在水果的情況下，追熟過程中澱粉等分解成糖份，另一方面有機酸被分解含量下降，所以酸味會降低甜味會增強。此外支撐組織的不溶性植物纖維有一部份會分解成水溶性植物纖維，變得柔軟。顏色也會有加深的傾向。

將這些變化從營養面上觀察，糖份與澱粉同為碳水化合物，所以即使甜度增強熱量也不會改變。水溶性食物纖維增加，所以這部分的增加對於抑制血糖值上升與降低血中膽固醇濃度效果也增加。此外，顏色加深也表示顯示顏色的抗氧化成分效果增強。相對的在追熟過程中減少的成分是維他命C，維他命C是為了保護自身免於儲藏過程中所發生的活性氧弊害而消耗掉的。

未熟的水果，如果與容易產生乙烯的蘋果與香蕉或者酪梨一同放置，可以使追熟進展較快。一同放置在空箱或者塑膠袋中可以使乙烯濃度提高，一口氣追熟。但是乙烯並非可以對所有的水果產生追熟效應。有效的水果為蘋果、香蕉、奇異果、酪梨、洋梨、桃子、琵琶、蕃茄、哈密瓜、芒果等。柑橘類或葡萄、草莓等則無此效果。這些水果的熟成與乙烯並無關連。

● 富含維他命E的食物

維他命E含量(mg)

	食品	一次參考份量	(g)	一次份量	100g中含量
魚類	鰤魚	魚肉1片	80	3.3	4.1
	蒲燒鰻魚	1串	80	3.9	4.9
	水煮鯖魚罐頭	½罐	70	2.2	3.2
種實類	杏仁果	17粒	20	5.9	29.4
	花生	25粒	20	2.1	10.6
蔬菜	埃及國王菜	氽燙後1小碗	70	4.6	6.5
	西洋南瓜	煮物2片	80	3.9	4.9
	紅彩椒	2個	60	2.6	4.3
植物油	棉籽油	2小匙	8	2.3	28.3
	紅花油	2小匙	8	2.2	27.1
	米糠油	2小匙	8	2.0	25.5
水果、其他	金柑	2個	88	2.3	2.6
	酪梨	中½個	80	2.6	3.3
	調味豆漿	1杯	200	4.4	2.2

● 富含維他命K的食物

維他命K(ug)

	食品	一次參考份量	(g)	一次份量	100g中含量
蔬菜	埃及國王菜	氽燙後1小碗	70	448	640
	皇宮菜	2株	70	245	350
	菠菜	氽燙後1小碗	70	189	270
	茼蒿	中3株	70	175	250
	油菜花(洋種)	氽燙後1小碗	70	182	260
	油菜花(和種)	氽燙後1小碗	70	175	250
	小松菜	氽燙後1小碗	70	147	210
	韭菜	2/3束	70	126	180
	蕪菁葉	葉莖3根	30	102	340
	綠花椰菜	小2朵	60	96	160
	奶油萵苣	葉子2片	40	64	160
	紅萵苣	葉子2片	40	64	160
	白菜	外葉1片	100	59	59
納豆	切碎納豆	1盒	50	465	930
	納豆	1盒	50	300	600

刊載圖表一覽　行尾數字為圖表所在頁數

1　了解營養的基礎、檢視「食」的意義

2　何種食物含有何種養分呢？

3 有效攝取營養素的飲食搭配訣竅

4 活用營養的料理訣竅

参考図書

『五訂増補食品成分表2010』女子栄養大学出版部
『四訂食品成分表1989』女子栄養大学出版部
『三訂補食品成分表1982』女子栄養大学出版部
『厚生労働省策定　日本人の食事摂取基準　2010年版』第一出版
『平成18年度国民健康・栄養調査報告』第一出版
『第三版　健康・栄養――知っておきたい基礎知識』独立行政法人国立健康・栄養研究所編、第一出版
『やさしい栄養学』香川靖雄著、女子栄養大学出版部
『キッチンの科学～おいしさと健康を考える～』佐藤秀美著、同文書院
『果実の科学』伊藤三郎編、朝倉書店
『魚の科学』鴻巣章二監修、朝倉書店
『野菜の科学』高宮和彦編、朝倉書店
『五訂増補日本食品脂溶性［脂肪酸、ビタミンA・D・E］成分表』医歯薬出版

Easy Cook

飲食的科學135個「為什什麼？」

作者　佐藤秀美
出版者／大境文化事業有限公司　T.K. Publishing Co.
發行人　趙天德
總編輯　車東蔚
文案編輯　編輯部　美術編輯　R.C. Work Shop
翻譯　許孟菡
台北市雨聲街77號1樓
TEL：(02)2838-7996　　FAX：(02)2836-0028
法律顧問　劉陽明律師 名陽法律事務所
初版日期　2015年6月
定價　新台幣 420元
ISBN-13：9789869094771　　書　號　E100

讀者專線　(02)2836-0069
www.ecook.com.tw
E-mail　service@ecook.com.tw
劃撥帳號　19260956 大境文化事業有限公司

EIYOU 'KOTSU' NO KAGAKU

イラスト　中嶋香織
デザイン　三木俊一
編集　美濃越かおる

飲食的科學 135 個「為什麼？」
佐藤秀美 著 初版． 臺北市：大境文化，2015[民 104]
272 面；15×21 公分． ----(Easy Cook 系列；100)
ISBN-13：9789869094771
1. 食物 2. 營養
411.3　　104006856

Printed in Taiwan